Sammlung Göschen

Die Elektromotoren

Ihre Arbeitsweise und Verwendungsmöglichkeit

Von

Dr. F. Niethammer

Professor an der Deutschen Technischen Hochschule Prag

I

Gleichstrommotoren. Mehrphasige Synchron- und Asynchronmotoren

Mit 56 Figuren

Zweite Auflage

Berlin und Leipzig

Walter de Gruyter & Co.

ormals G. J. Göschen'sche Verlagshandlung - J. Guttentag, Verlags-buchhandlung - Georg Reimer - Karl J. Trübner - Veit & Comp.

Plattendruck von Walter de Gruyter & Co., Berlin W. 10

Inhalt.

Literatur.

Handbuch der Elektrotechnik Bd. IX. Leipzig, S. Hirzel. 2. Aufl.

W. Philippi, Elektrische Kraftübertragung. Leipzig, S. Hirzel. 2. Aufl.

H. Kyser, Elektrische Kraftübertragung I und II. Berlin, J. Springer.

B. Jacobi, Elektromotorische Antriebe. München, Oldenbourg.

G. Wurf, Elektromotorischer Antrieb von Arbeitsmaschinen. Leipzig, Dr. M. Jänecke.

G. Rößler, Elektromotoren. Berlin, J. Springer.

E. Arnold, Die Gleichstrommaschine. Die Wechselstromtechnik. Berlin, J. Springer.

R. Richter, Elektrische Maschinen. Berlin, J. Springer.

Abkürzungen und Formelzeichen.

EKB = Elektrische Kraftbetriebe und Bahnen (Zeitschrift), jetzt „Der elektrische Betrieb".
E. u. M. = Zeitschrift Elektrotechnik und Maschinenbau (Wien).
E. T. Z. = Elektrotechnische Zeitschrift (Berlin).
Z. V. d. I. = Zeitschrift des Vereins deutscher Ingenieure.
A. E. G. = Allgemeine Elektrizitäts-Gesellschaft (Berlin).
SSW = Siemens-Schuckert-Werke (Berlin).
AW = Amperewindungen.
Gl. = Gleichung.
kW = Kilowatt.
kW_h = Kilowattstunden.
mkg = Meterkilogramm.
V = Volt.
A = Ampere.
VA = Voltampere.
m/s = Meter in 1 Sekunde.
m/s² = Meter in 1 Sekunde pro Sekunde.
PS = Pferdestärke.
$2a$ = Zahl der parallelen Ankerzweige.
A = Arbeit, Energie.
e, E = elektrische Spannung, *EMK*.

EMK = Elektromotorische Kraft.
f = Frequenz in sekundlichen Perioden (Per/s).
i, I = Strom.
K = Zugkraft.
m = Phasenzahl.
M = Drehmoment.
n = minutliche Drehzahl.
$2p$ = Polzahl.
P = Leistung.
Q = Last.
r, R = Widerstand (induktionsfreier).
s = Sekunde.
t = Zeit.
v = Geschwindigkeit in m/s.
W = Scheinwiderstand (Impedanz).
Z = Leiterzahl.
β = Bürstenwinkel.
η = Wirkungsgrad.
ν = relative Schlüpfung.
Φ = magnetischer Kraftfluß eines Poles.
φ = Phasenwinkel zwischen E und I.
$\cos\varphi$ = Leistungsfaktor.
$\omega = 2\pi f$ = Kreisfrequenz.
Uml/min = Umläufe in einer Minute.
$\sim$ = ungefähr.

I. Einleitung.

A. Geschichtliche Entwicklung der Elektromotoren.

Die Geschichte des Elektromotors und seiner praktischen Anwendungen läuft in vieler Hinsicht parallel mit der Entwicklung der elektrischen Stromerzeuger. Die altehrwürdige Reibungs- und Influenz-Elektrisiermaschine hat allerdings bis heute außer im Quadrantelektrometer keinen praktisch brauchbaren „dielektrischen Motor" als entsprechendes Gegenstück gefunden. Ein Seitenstück dazu ist Barlows Scheibenrad aus dem Jahre 1823, das radial vom Strom durchflossen sich zwischen den Polen eines permanenten Magneten dreht; es ist dies ein Vertreter der unipolaren (homopolaren) Motoren, die einzig in Ferrantis Quecksilberzählern praktisch von Bedeutung geworden sind.

Die Erkenntnis der dem heutigen Elektromotor zugrunde liegenden Kräftewirkungen zwischen stromdurchflossenen Leitern oder zwischen Stromleitern und Magnetfeldern stammt aus der Zeit um 1820/23 von dem Dänen Oersted, den Franzosen Ampère, Biot und Savart und dem Engländer Faraday. Die alten Motoren, etwa aus den Jahren 1830/60, scheiden sich in zwei Gruppen: einmal handelt es sich um eine relative Drehung zwischen permanenten Magneten und meist mit Eisenkern versehenen, stromdurchflossenen Spulen Elektromagneten);

die zweite Bauart sind die **schwingenden** Motoren, deren Magnete oder Eisenanker eine hin und her gehende Bewegung vor Elektromagneten oder in Solenoiden ausführen, so daß der Motor vielfach das Aussehen einer Wattschen Balancier-Dampfmaschine annahm. Der für eine Dauerbewegung erforderliche Stromwechsel dieser meist aus Primärelementen gespeisten Motoren erfolgte schon um 1832 mit Hilfe eines Kommutators. Die Erkenntnis der Reversibilität von Generator und Motor ist auf Lenz (1838) und Jacobi (1850) zurückzuführen. Der Amerikaner Davonport erhielt 1837 ein 1851 erloschenes amerikanisches Patent, in dem ihm die ganze Anwendung magnetischer und elektromagnetischer Kraft in Bausch und Bogen geschützt wurde.

Im Anschluß an die Erkenntnis des dynamoelektrischen Prinzips der Selbsterregung entstand 1870 bis 1880 der praktisch brauchbare Gleichstrom-Elektromotor, der auf den Ausstellungen in Wien (1873), dann besonders in Paris (1881) und München (1882) in verschiedenen Anwendungsformen der Allgemeinheit vorgeführt wurde. Im Jahre 1880 übernahm eine Fünf-Lichter-Bogenlichtmaschine als Motor den Antrieb der Modelltischlerei der Thomson-Houston Co. (Ver. St. v. Amerika); die Motorgeschwindigkeit wurde durch Bürstenverstellung geregelt. Auf der Ausstellung in Zürich zeigte man im Jahre 1883 elektrisch angetriebene Nähmaschinen. Im Jahrzehnt 1880 bis 1890 kamen eine Reihe Gleichstrom-Übertragungen mit Spannungen bis 6000 V in Betrieb.

Daß Wechselstrommaschinen (Synchrongeneratoren) mit permanenten Feldmagneten oder Elektromagneten auch als Motoren (Synchronmotoren) arbeiten, war schon im zweiten und dritten Viertel des 19. Jahrhunderts bekannt.

In die Spanne 1880 bis 1890 fallen die ersten Versuche,

Gleichstrom-Reihenschlußmotoren mit **einphasigem** Wechselstrom zu betreiben; bei geblättertem Feldgestell war das für kleine Leistungen anstandslos möglich, besonders als noch eine Querfeld-Dämpferwicklung (Eickemeyer) angebracht wurde Zu diesen Wechselstrom-Kommutatormotoren gehört auch der Repulsionsmotor von Elihu Thomson (1887) und der dreiphasige Kommutatormotor, an dem Görges 1890 und 1891 Versuche anstellte, nachdem schon 1888 der Engländer Wilson ein Patent auf einen zweiphasigen Kommutatormotor erhalten hatte.

Das letzte Jahrzehnt des 19. Jahrhunderts wird größtenteils durch die Entwicklung des mehrphasigen Asynchron- oder **Induktionsmotors** ausgefüllt, den wir dem italienischen Professor Galileo Ferraris (1885) und dem aus Österreich stammenden Amerikaner Nicola Tesla (1887 bis 1891) verdanken.

Den einphasigen Induktionsmotor beschreibt Tesla schon 1888 in seinen Patenten und erwähnt auch die Hilfsphase zum Anlassen und die Mittel zur Erzeugung phasenverschobener Ströme.

Weitere geschichtliche Einzelheiten sind in der Festnummer von E. u. M. (Wien), März 1913, in dem Aufsatz „Die Entwicklung der elektrischen Motorantriebe“ nachzulesen.

B. Einteilung.

Entsprechend der zur Verfügung stehenden Stromart unterscheidet man Gleichstrommotoren, Mehrphasenmotoren. die in der Regel dreiphasig, vereinzelt auch zweiphasig gebaut sind, und Einphasenmotoren; die letzten sind auch in Mehrphasennetzen verwendbar. In Fällen, wo eine stark pulsierende gleichgerichtete Betriebsspannung geliefert wird, kommen wohl grundsätzlich Gleichstrommotoren zur Anwendung, die sich aber konstruktiv an die

Einphasenmotoren anlehnen. Ein gegebener Motor kann in der Regel nur mit einer Stromart betrieben werden, obwohl es praktisch manchmal wünschenswert wäre, einen Motor abwechselnd aus einer Eigenanlage und einer Fremdanlage verschiedener Stromart oder verschiedener Frequenz oder verschiedener Spannung speisen zu können. Die Lösungen für diese Aufgaben führen zu verwickelten Konstruktionen und Schaltungen.

Als Grundlage zum Verständnis dieser Arbeit über Elektromotoren kann das Studium der Göschen-Bände Nr. 196, 197 und 198 „Elektrotechnik“ von Prof. J. Herrmann empfohlen werden. Über die zu den Motoren gehörigen Apparate, Schaltpläne und Schaltanlagen geben der Göschen-Band Nr. 711 „Elektrische Schaltapparate“ von Prof. Dr. E. Beckmann sowie die Göschen-Bände „Schaltanlagen in elektrischen Betrieben“ von Prof. Dr. F. Niethammer näheren Aufschluß.

II. Gleichstrommotoren[1]).

A. Schaltungsarten. Mechanischer Aufbau. Wendepole. Querwicklung.

Jeder Gleichstromgenerator, dem elektrische Energie zugeführt wird, arbeitet ohne weiteres als Motor. Je nach der Schaltung der auf dem Feldgestell sitzenden Erregerwicklung *FW* gegenüber dem mit einem Kommutator versehenem Anker *An* unterscheidet man:

Nebenschlußmotoren nach Fig. 1,

Reihenschlußmotoren (Serienmotoren, Hauptstrommotoren) nach Fig. 2,

Doppelschlußmotoren (Compoundmotoren) nach Fig. 3.

---

[1]) Als Grundlage sei auf die Göschen-Bände Nr. 257 und 881: „Die Gleichstrommaschine“ von Fr. Sallinger verwiesen.

Außerdem können Gleichstrommotoren mit Fremderregung oder mit permanenten Magneten arbeiten.

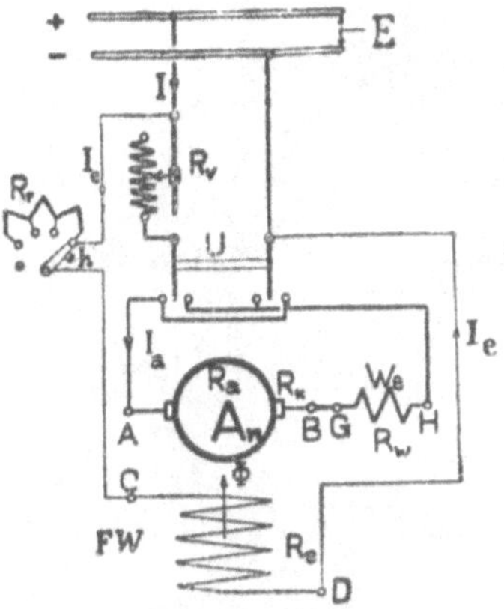

Fig. 1. Schaltplan eines Nebenschlußmotors.

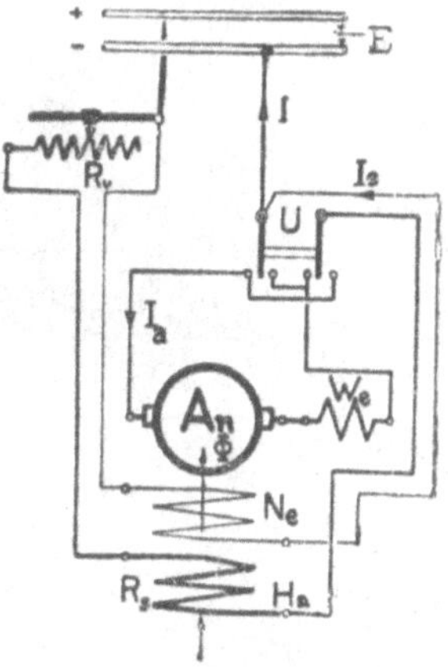

Fig. 3. Schaltplan eines Doppelschlußmotors.

Die Nebenschlußerregung *Ne* und die Hauptstromerregung *Ha* (Fig. 3) der Doppelschlußmotoren arbeiten meist im gleichen Sinn, also gegenseitig verstärkend. Ausnahmsweise, z. B. wenn bei allen Belastungen gleichbleibende Umlaufszahl verlangt wird, läßt man die Hauptstromwicklung der Nebenschlußwicklung entgegenwirken.

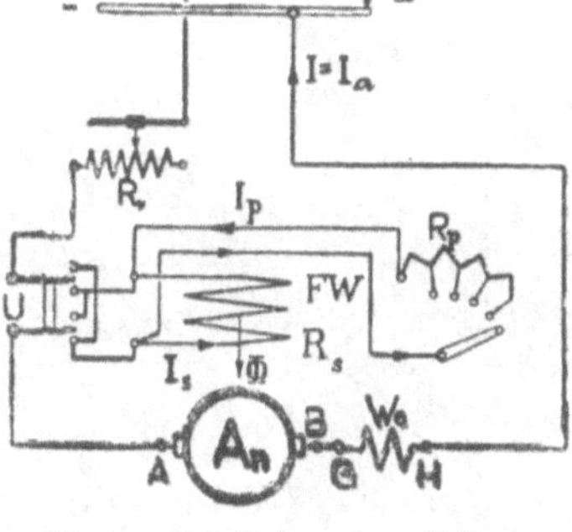

Fig. 2. Schaltplan eines Reihenschlußmotors.

In der Regel arbeiten die Gleichstrommotoren in

Parallelschaltung und im Anschluß an ein Netz mit

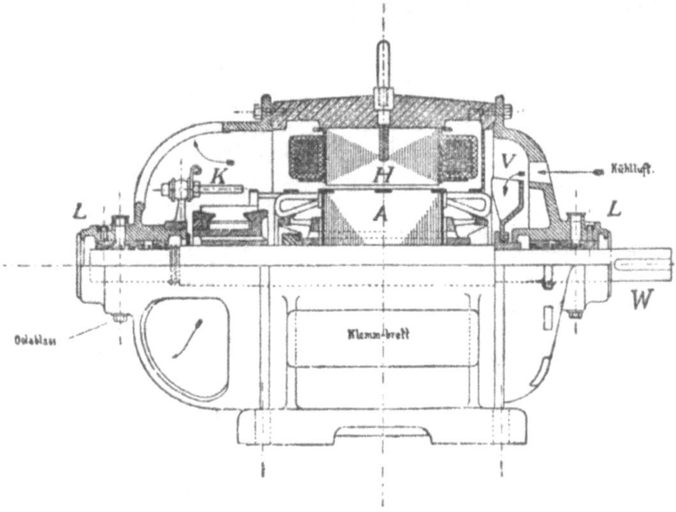

Kühlluft strömt umgekehrt.
Fig. 4 a.

Fig. 4 a u. 4 b. Längs- und Querschnitt durch einen vierpoligen Gleichstrommotor mit Wendepolen und Lagerschildern.

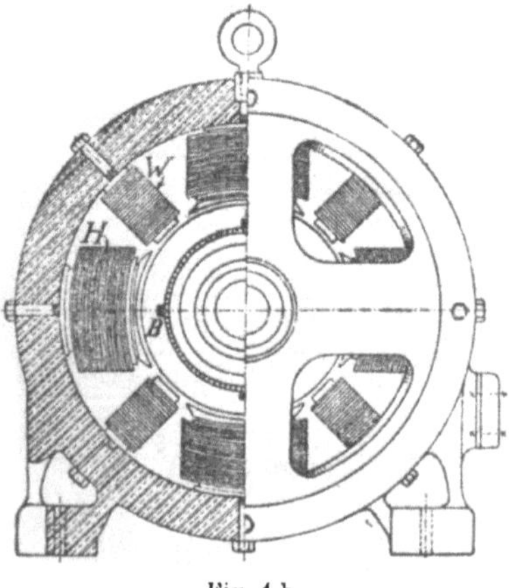

Fig. 4 b.

konstanter Klemmenspannung E. Es gibt allerdings auch Hochspannungs-Übertragungen, in denen die Motoren in Reihenschaltung mit konstanter Stromstärke betrieben werden; dabei kommen wohl nur Reihenschlußmotoren in Anwendung. Schließlich finden sich Übertragungen, in denen ein Reihenschluß-generator über eine Fernleitung auf einen einzigen Reihenschlußmotor arbeitet.

Die Figuren 4a und 4b veranschaulichen den Aufbau eines vierpoligen Gleichstrommotors der üblichen Außenpoltype. Der Anker *A* trägt die mit dem Kommutator *K* verbundene Arbeitswicklung und dreht sich in den zwei Lagern *L*. Das Flügelrad *V* treibt die Kühlluft axial durch den Motor. Die Stromzuführung zum Kommutator geschieht durch Bürsten *B*. Die meisten Gleichstrommotoren werden zurzeit außer mit Hauptpolen *H* zur Erzielung funkenfreien Laufes bei allen Belastungen und Drehzahlen mit **Wendepolen** (*W* in Fig. 4 b) ausgerüstet, nur die Kleinmotoren unter 1 bis 5 kW und sehr langsam laufende vielpolige Motoren bleiben vielfach ohne Wendepole. Sehr rasch laufende Motoren, sogenannte **Turbomotoren**, wie sie in unmittelbarer Kupplung mit Kreiselpumpen für Preßwasser und Preßluft nötig werden, dann Hochspannungsmotoren, ferner Umsteuermotoren, die laufend in beiden Drehrichtungen arbeiten, ferner alle Motoren, deren Umlaufszahlen in weiten Grenzen geregelt werden, und solche, die auch als Generator zu arbeiten haben, sind unbedingt mit Wendepolen auszuführen, in schwierigen Fällen außerdem mit einer in den Polschuhen verteilten **Quer(ausgleichs)wicklung** (Kompensationswicklung) zur möglichst vollständigen Aufhebung der Ankerrückwirkung. Diese Querwicklung ist besonders für größere Turbomotoren und für Motoren, deren Magnetfeld zur Geschwindigkeitsregelung in weiten Grenzen verändert wird, zur Vermeidung von Rundfeuer am Kommutator am Platz. Es ist möglich, nur auf jedem Polpaar einen Wendepol und eine Querausgleichsspule je mit entsprechend erhöhter Windungszahl anzubringen; es ist jedoch ratsam, wenn nicht zwingende Gründe dagegen vorliegen, stets so viel Wendepole und Querausgleichsspulen wie Hauptpole vorzusehen.

Die Bürsten der nur in einem Drehsinn umlaufenden Motoren ohne Wendepole müssen in der Regel gegen die Drehrichtung etwas zurückgeschoben werden, wenn sie bei allen Belastungen funkenfrei arbeiten sollen.

B. Leistung. Drehzahl. Drehmoment.

Der von einem Gleichstrommotor bei der Klemmenspannung E in Volt aufgenommene Ankerstrom I_a in Ampere ist

$$I_a = \frac{E - E_0}{R}. \tag{1}$$

E_0 ist die bei der Drehung des Ankers entstehende Gegen-*EMK*, R ist die Summe der elektrischen Widerstände im Ankerstromkreis. Für den Nebenschlußmotor (Fig. 1) gilt

$$R = R_a + R_k + R_w + R_v, \tag{2}$$

für den Reihen- und Doppelschlußmotor (Fig. 2 u. 3)

$$R = R_a + R_k + R_w + R_s + R_v, \tag{2a}$$

wenn $I_p = 0$ ist.

Der Anlaßwiderstand R_v wird nach der Anlaufsperiode in der Regel kurzgeschlossen; R_a = Widerstand der Ankerwicklung, R_k = Übergangswiderstand der Bürsten am Kommutator, R_w = Widerstand der Wendepol- und Querwicklung, R_s = Widerstand der Hauptstromerregung. Ferner ist die Gegen-*EMK*

$$E_0 = \frac{p}{a} \frac{n Z \Phi}{60 . 10^8} = k n \Phi, \tag{3}$$

wenn $2p$ = Polzahl, $2a$ = Zahl der parallelen Ankerzweige, n = minutliche Drehzahl, Z = Leiterzahl am Ankerumfang, Φ = magnetischer Kraftfluß pro Pol, soweit er in die Ankerwicklung eindringt. k ist für den fertigen Motor eine konstante Zahl.

Beim Reihenschlußmotor ist der vom Netz entnommene Strom $I = I_a$, beim Nebenschlußmotor $I = I_a + I_e$, wenn

$$I_e = \frac{E}{R_e + R_r} \tag{4}$$

der Erregersstrom ist; R_e = Widerstand der Erregerwicklung, R_r = Widerstand des Feldreglers (Fig. 1).

Setzt man aus (3) den Wert von E_0 in (1) ein, so folgt für den aufgenommenen Ankerstrom

$$I_a = \frac{E - kn\Phi}{R}. \tag{1a}$$

Fließt einem Gleichstrommotor bei der Klemmenspannung E der Strom I in Ampere vom Netz zu, so ist die aufgenommene Leistung $P = EI$ in Watt. Die an der Motorwelle nutzbar abgegebene Leistung ist $P_n = \eta EI$, wenn $\eta < 1$ der Wirkungsgrad ist, der meist zwischen 0,80 und 0,92 liegt. In kW gemessen ist $P = \frac{EI}{1000}$ und $P_n = \eta \frac{EI}{1000}$. Es ist $\eta = \frac{P_n}{P} = \frac{P_n}{P_n + P_p} = \frac{P - P_p}{P}$, wenn P_p die Gesamtverluste im Motor sind, die sich aus den Leerlaufsverlusten P_0 und den Lastverlusten P_l zusammensetzen. Es ist $P_0 = P_f + P_r + P_e$ beim Nebenschluß- und Doppelschlußmotor und $P_0 = P_f + P_r$ beim Reihenschlußmotor, sofern P_f = Eisenverluste (Hysteresis + Wirbelströme), P_r = Lager- + Luftreibung, $P_e = I_e^2$

$(R_e + R_r)$ = Verluste in der Nebenschlußerregung; $P_l = I_a^2 \cdot R$, wenn in Fig. 2 der Wert $I_p = 0$ ist.

Ist E_0 die bei der Drehung des Ankers entstehende Gegen-*EMK* und I der Leerlaufstrom, der bei der Klemmenspannung E und der in Betracht kommenden Umlaufszahl n zur Deckung aller Leerlaufverluste dient, so ist der Nutzstrom $I_n = I - I_0$ und die Nutzleistung

$$P_n = E_0(I - I_0) = E_0 \, I_n. \tag{5}$$

Mit Hilfe von Gleichung (1) wird somit die Nutzleistung

$$P_n = (E - I_a \cdot R)\,(I - I_0). \tag{6}$$

Für den Nebenschluß- und Doppelschlußmotor ist

$$I_0 = I_e + \frac{P_f + P_r}{E_0},$$

P_f und P_r in Watt gemessen. Für den Reihenschlußmotor gilt

$$I_0 = \frac{P_f + P_r}{E_0}.$$

Die minutliche **Umlaufszahl** eines Gleichstrommotors folgt aus Gleichung (3) unter Heranziehung von (1) mit

$$n = \frac{(E - I_a \cdot R)\, a \cdot 60 \cdot 10^8}{p \cdot Z \cdot \Phi} \tag{7}$$

oder

$$n = c\,\frac{(E - I_a \cdot R)}{\Phi}. \tag{7 a}$$

c ist für den fertigen Motor eine konstante Zahl.

Das nutzbare **Drehmoment** M in mkg findet sich mit P_n in Watt aus

$$M \frac{\pi n}{30} 9{,}81 = P_n$$

zu

$$M = 0{,}102\,\frac{P_n}{\pi n : 30}\,. \tag{8}$$

$g = 9{,}81\ m/s^2$ ist die mittlere Erdbeschleunigung. Wird die Nutzleistung P_n in kW ausgedrückt, so ist

$$M = 102\,\frac{P_n}{\pi n : 30}\,. \tag{8 a}$$

Falls als Einheit für P_n die Pferdestärke (PS) gewählt wird, gilt

$$M = 75\,\frac{P_n}{\pi n : 30}\,. \tag{8 b}$$

Mit Hilfe von (5) und (3) folgt aus (8)

$$M = 0{,}102\,\frac{p}{\pi}\,Z\,\frac{I_n}{2a}\,\Phi\,10^{-8}$$

oder

$$\boldsymbol{M = 3{,}24\left(\frac{I_n}{2a}\,Z\right)(p\Phi)\cdot 10^{-10}} \tag{9}$$

oder

$$M = C\,(I - I_0)\,\Phi. \tag{10}$$

Für den fertigen Motor ist C eine konstante Zahl. $I_n/2a$ ist der nutzbare Strom in einem Ankerzweig, $\frac{I_n}{2a}\cdot Z$ sind die gesamten nutzbaren Ampereleiter auf dem Ankerumfang. Es ist also

Drehmoment = Konstante × Ankerampereleiter × Kraftfluß aller Polpaare.

Hat der Kommutator eine geringe Lamellenzahl pro Polpaar, so schwankt die Gegen-*EMK* E_0 um so mehr, je kleiner diese Lamellenzahl ist. Der Motor nimmt dann auch einen pulsierenden Strom I_a auf und gibt ein entsprechend pulsierendes Drehmoment M. Die Nutöffnungen im Anker können zu Schwankungen des Kraftflusses Φ und damit des Drehmomentes führen.

Die listenmäßig hergestellten Motoren werden für Drehzahlen n gebaut, die etwa zwischen 500 und 2000 Uml/min liegen, und zwar sind sie um so höher, je kleiner die Leistung P_n ist; es lassen sich aber Motoren auch für Drehzahlen bis unter 100 und für 3000 bis 5000 Uml/min herstellen. Während für kleine Drehzahlen, also für 200 Uml/min und darunter Motoren mit praktisch beliebig großen Leistungen, selbst bis 10000 kW und darüber ausführbar sind, gibt es für hohe Drehzahlen jeweils eine höchste Grenzleistung, die mit Rücksicht auf Funkenbildung und mechanische Beanspruchungen nicht überschritten werden kann. Zurzeit ist es z. B. nicht ratsam, bei $n = 3000$ Uml/min über $P_n = 500$ kW oder bei $n = 2000$ über $P_n = 1000$ kW zu gehen.

Bei gegebener Leistung wird innerhalb gewisser Grenzen ein Motor um so leichter und um so billiger, je rascher er läuft. Der langsam laufende Motor macht sich jedoch in vielen Fällen trotzdem bezahlt, da unter Umständen mechanische Übersetzungsmittel entfallen können und die zur Beschleunigung dienende Energie geringer wird. Kommt man auf besonders hohe Drehzahlen, wie dies bei den sogenannten Turbomotoren zutrifft, so werden besonders hochwertige Baustoffe und besonders sorgfältige Werkstättenarbeit erforderlich, die den Motorpreis wieder in die Höhe treiben.

C. Betriebseigenschaften. Betriebskurven.

a) Nebenschlußmotor (Fig. 1).

Bei konstanter Klemmenspannung E bleibt der Erregerstrom $I_e = \dfrac{E}{R_e + R_r}$ bei allen Belastungen praktisch gleich groß; deshalb ändert sich auch der Kraftfluß Φ mit der Belastung nicht nennenswert. Da ferner $I_a R$ nur ein kleiner Bruchteil ($2 \div 5$ %) von E ist, so sinkt die Drehzahl n des Nebenschlußmotors nach Gleichung (7) nur wenig (nur etwa $2 \div 10$ %) zwischen Leerlauf und Vollast. Der Nebenschlußmotor arbeitet bei allen Belastungen mit praktisch gleichbleibender Ge-

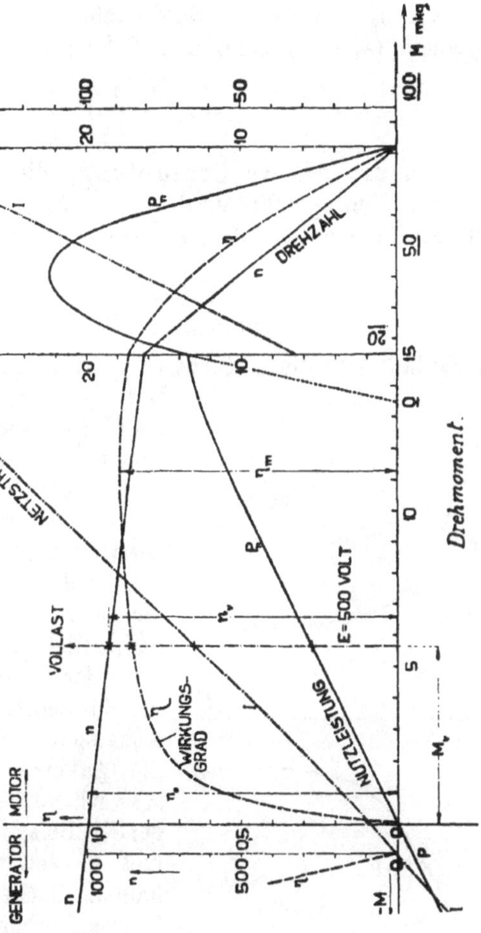

Fig. 5. Betriebskurven eines Nebenschlußmotors. 500 Volt.

schwindigkeit. Die minutliche Drehzahl n verläuft in

Abhängigkeit des nutzbaren Drehmomentes M nach Fig. 5: M_v ist das Vollast-Drehmoment bei der Vollast-Drehzahl n_v; n_0 ist die Leerlauf-Drehzahl. $(n_0 - n_v)$ oder allgemein $(n_0 - n)$ kann man Schlüpfung heißen,

$$\nu = \left(1 - \frac{n}{n_0}\right) \tag{11}$$

ist dann die relative Schlüpfung, die man auch in Hundertteilen $= 100\,\nu$ ausdrückt. Nach Gleichung (7) gilt mit konstantem Φ die Beziehung

$$\frac{n}{n_0} = 1 - \frac{I\,R}{E}\,. \tag{12}$$

Es fällt also die n-Kurve (Fig. 5) mit M geradlinig ab. Der Verlauf der n-Kurve wird allerdings auch durch die Ankerrückwirkung beeinflußt. Diese Rückwirkung setzt sich aus den Gegen-AW (= Amperewindungen) des Ankers, aus der Feldverzerrung durch die Quer-AW des Ankers und namentlich auch aus der Wirkung der Ströme in den von den Bürsten kurzgeschlossenen Ankerspulen zusammen. Wirkt die Ankerrückwirkung feldschwächend, so wird mit steigender Belastung der Kraftfluß Φ verringert und deshalb nach Gleichung (7) die Drehzahl erhöht. Der Einfluß des Spannungsabfalles $I\,R$

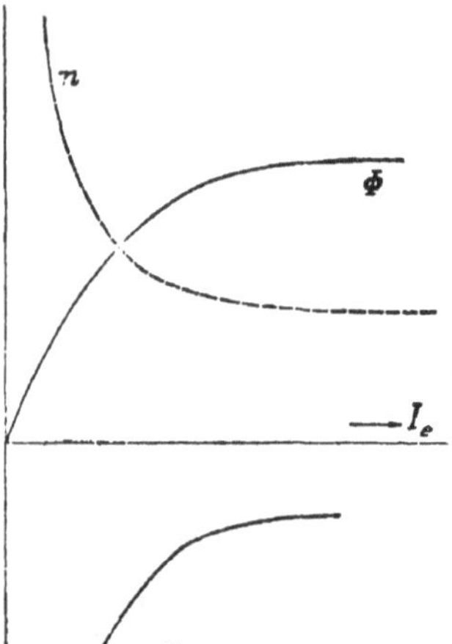

Fig. 6. Drehzahlkurve eines Nebenschlußmotors mit Feldregelung.

und der der Ankerrückwirkung können sich demnach zum Teil gegenseitig aufheben.

In die Fig. 5 sind noch folgende Betriebskurven eingezeichnet: der totale, vom Motor aufgenommene Netzstrom

$$I = I_a + I_e = I_n + I_o\,, \tag{13}$$

die Nutzleistung

$$P_n = E_o I_n = \frac{\pi\, n\, M}{30\; 102} \text{ in kW}$$

und der Wirkungsgrad

$$\eta = \frac{P_n}{P} = \frac{E_o I_n}{E I}\,.$$

Der Kraftfluß Φ des Nebenschlußmotors wird durch den Erregerstrom I_e erzeugt. Den Zusammenhang zwischen beiden gibt die Charakteristik Fig. 6, die man in ihrem unteren Teil durch die Beziehung

$$\Phi = \frac{I_e}{\beta} = \frac{E : (R_e + R_r)}{\beta}\,, \tag{14}$$

im weiteren Umfang nach Fröhlich durch

$$\Phi = \frac{1}{\gamma + \frac{\beta}{I_e}} = \frac{1}{\gamma + \beta\,(R_e + R_r) : E} \tag{15}$$

angenähert darstellen kann.

Mit den ersten Werten gehen die Beziehungen (7 a) und (10) über:

a) für die Drehzahl in

$$n = c'\,\frac{(E - I_a R)}{I_e} = c'\left(1 - \frac{I_a R}{E}\right)(R_e + R_r)\,, \tag{16}$$

b) für das Drehmoment in

$$M = C'(I - I_0)\,I = C'\,\frac{(I - I_0)\,E}{R_e + R_r}. \qquad (17)$$

Die Drehzahl wird danach durch Spannungsschwankungen nur wenig beeinflußt; im allgemeinen sinkt sie etwas mit abnehmender Spannung. Dagegen ist das Drehmoment, auch das Anlaufdrehmoment, stark von der Klemmenspannung E abhängig. Setzt man unter Vernachlässigung des kleinen Leerstromes I_0 den Wert von I_i aus (1) in (17) ein, so folgt

$$M = C'\,\frac{(E - E_0)\,E}{(R_e + R_r)\,R}, \qquad (17\,a)$$

wonach das Drehmoment — beiläufig gesprochen — E^2 proportional ist.

b) Reihenschlußmotor.

Da der Kraftfluß Φ des Reihenschlußmotors (Fig. 2) mit dem Strom I stark veränderlich ist (Fig. 7), so ändert sich bei konstanter Klemmenspannung E die Drehzahl n nach Gleichung (7) ebenfalls sehr stark mit dem Drehmoment M. Das Drehmoment M und die M-Kurve (Fig. 7) ergibt sich aus Gleichung (9), wenn man aus Fig. 7 den zu $I = I_n + I_0$ gehörigen Kraftfluß Φ entnimmt. Die Drehzahl n ermittelt man zum selben Kraftfluß Φ mit $I_a = I$ aus Gl (7) und erhält die in Fig. 7

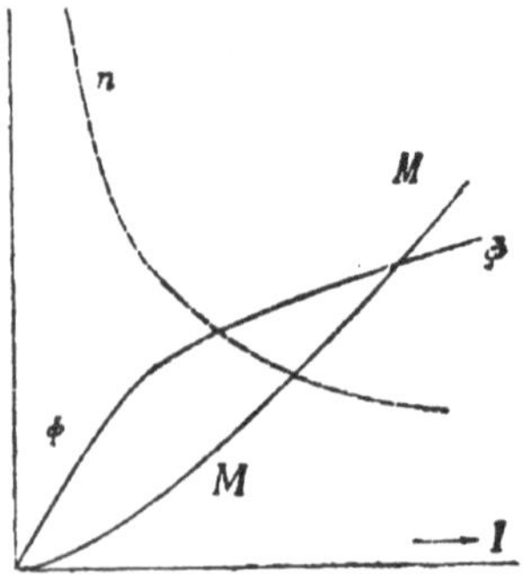

Fig. 7. Drehzahl- und Momentenkurve eines Reihenschlußmotors.

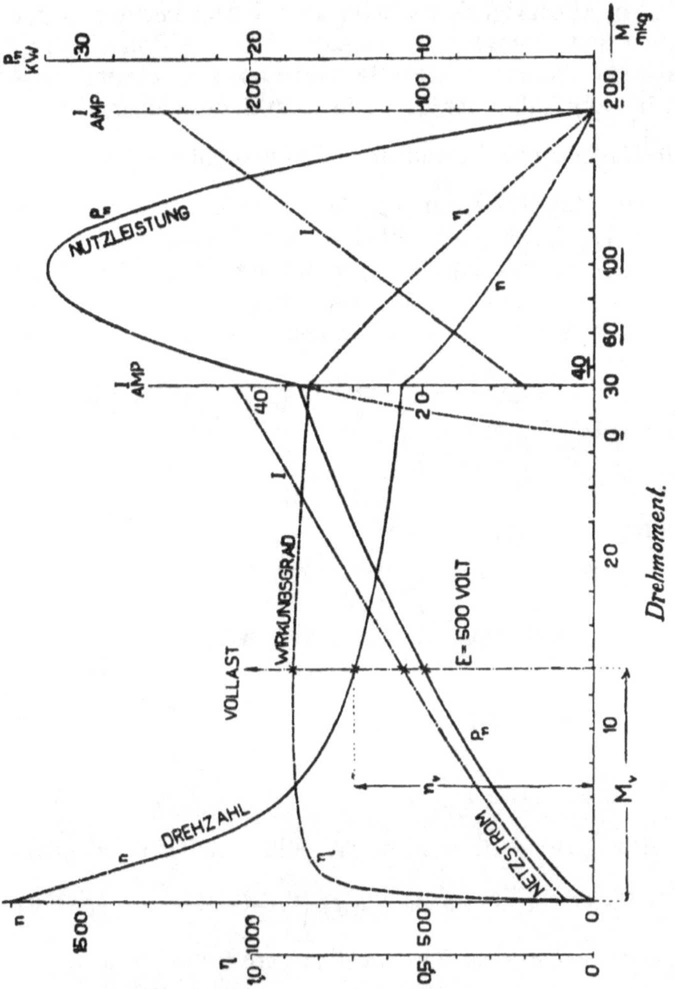

Fig. 8. Betriebskurven eines Reihenschlußmotors. 500 Volt.

eingezeichnete n-Kurve in Abhängigkeit von I. In Fig. 8

sind in Abhängigkeit des nutzbaren Drehmomentes M für einen mit konstanter Spannung $E = 500$ V betriebenen Reihenschlußmotor die Betriebskurven zusammengestellt, also außer der Drehzahl n und dem Strom I noch die Nutzleistung P_n und der Wirkungsgrad $\eta = \frac{P_n}{P}$.

Charakteristisch für den Reihenschlußmotor ist es, daß seine Drehzahl mit steigender Belastung sinkt und daß er bei Entlastung durchgeht. Der Abfall der Geschwindigkeit mit wachsendem Drehmoment ist um so größer, je kleiner die Induktionen im Eisen gewählt werden.

Für den Reihenschlußmotor (Fig. 2) lauten die Gl. (14) und (15)

$$\Phi = \frac{I_s}{\beta} = \frac{I}{\beta'} \tag{18}$$

und

$$\Phi = \frac{I_s}{\beta + \gamma I_s} = \frac{I}{\beta' + \gamma I}, \tag{19}$$

wenn I_s der Strom in der Erregerwicklung ist. Falls der Feldregler R_p unterbrochen ist, ist $I_s = I$; allgemein läßt sich $I_s = \alpha I$ setzen, wobei $\alpha = \frac{\beta}{\beta'} = \frac{1}{1 + R_s/R_p} \leqq 1$ oder $\beta' = \frac{\beta}{\alpha}$ ist.

Die Drehzahl n wird mit Hilfe von (19) und (7a)

$$n = c\; E - I R) \left(\frac{\beta'}{I} + \gamma\right). \tag{20}$$

Ebenso findet sich für das Drehmoment M aus (10)

$$M = C\,(I - I_0)\,\frac{I}{\beta' + \gamma I} = \sim C\,\frac{I^2}{\beta' + \gamma I}. \tag{21}$$

Das Drehmoment M der Reihenschlußmotoren ist nur vom Strom I abhängig; bei kleinen Stromstärken ist M proportional I^2, bei hohen Strömen proportional I. Die Größe der Klemmenspannung E hat auf das Drehmoment, auch auf das Anlaufdrehmoment keinen Einfluß. Dagegen ist die Drehzahl proportional der Klemmenspannung E und innerhalb gewisser Grenzen umgekehrt proportional dem Strom I. Der Reihenschlußmotor zieht mit einem wesentlich kräftigerem Drehmoment an als der Nebenschlußmotor, da ein hoher Anlaufstrom I auch einen hohen Kraftfluß Φ erzeugt.

Für Kraftübertragungen mit konstanter Stromstärke I kommt wohl kaum je der Nebenschlußmotor. sondern nur der Reihenschlußmotor in Frage: Durch Änderung der Klemmenspannung E ändert sich die Drehzahl n etwa proportional E, während das Drehmoment M dauernd etwa konstant bleibt. Über die Änderung von Drehzahl und Drehmoment bei konstantem Strom folgen später weitere Angaben.

c) Doppelschlußmotor (Fig. 3).

Sind beide Erregerwicklungen gleichsinnig geschaltet, so nähern sich die Betriebseigenschaften des Doppelschlußmotors denen des Nebenschlußmotors oder denen des Reihenschlußmotors, je nachdem die Nebenschlußerregung oder die Hauptstromerregung bei Vollast überwiegt. Es ist in praktischen Fällen vielfach zweckentsprechend, dem Nebenschlußmotor eine mäßige zusätzliche Hauptstromerregerwicklung zu geben, so daß sein Anzugsmoment verstärkt wird, ohne daß ein gefährliches Durchgehen des Motors bei Entlastung zu befürchten ist.

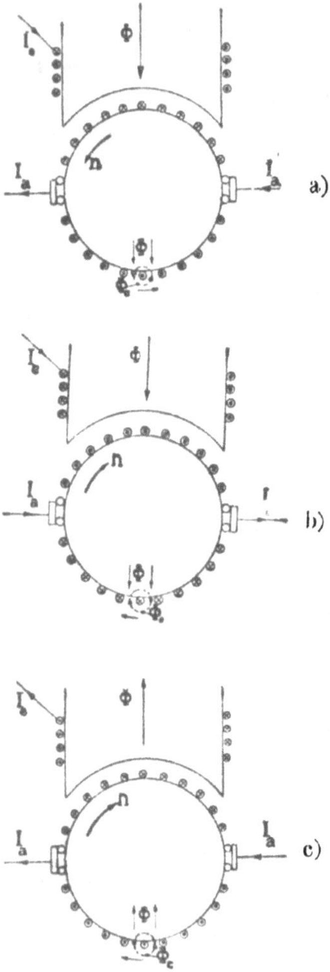

Fig. 9 a—c. Bestimmung des Drehsinnes.

D. Umkehr des Drehsinnes.

Die Punkte in den Stromleitern in der Fig. 9 bezeichnen Ströme, die senkrecht aus der Papierebene herausfließen, die Kreuze solche, die senkrecht hineinfließen. Die Richtung des Kraftflusses Φ erhält man aus der Richtung des Erregerstromes I_e nach folgender Regel: Umfaßt man den Pol mit der rechten Hand, so daß der Erregerstrom I_e in Richtung der vier fassenden Finger fließt, so zeigt der ausgestreckte Daumen die Flußrichtung Φ. Um die Ankerleiter entstehen zirkulare Kraftlinien Φ_c, deren Verlauf folgendermaßen bestimmt wird: Faßt man den Stromleiter mit der rechten Hand und fließt der Strom $I_a/2a$ in Richtung des ausgestreckten Daumens, so verläuft Φ_c in Richtung der vier fassenden Finger. Auf der einen Seite des Leiters gibt es (links in Fig. 9 a) eine Kraftlinienstauung ($\Phi + \Phi_c$) zwischen Φ und Φ_c, auf der anderen Leiterseite (rechts in Fig. 9a) eine Kraftlinienleere ($\Phi - \Phi_c$). Der Leiter fällt dann in die Kraftlinienleere; in Fig. 9a führt das vom Kommutator gesehen zu einer Linksdrehung n der Oberseite des Ankers. Kehrt man nach Fig. 9b den Ankerstrom I_a um, so ergibt eine Wiederholung obiger Untersuchung einen Wechsel im Drehsinn n. Läßt man den Ankerstrom wie ursprünglich und kehrt man den Erregerstrom I_s und damit den Kraftfluß Φ um (Fig. 9c), so wechselt der Drehsinn wieder gegenüber dem Ausgang zustand (Fig. 9a). Der Drehsinn eines Gleichstrommotors wird also umgekehrt, wenn man entweder die Richtung des Ankerstromes I_a oder die Richtung des Erregerstromes I_s wechselt. Kehrt man beide Ströme um, was z B. durch Vertauschen der Netzklemmen geschieht, so bleibt der ursprüngliche Drehsinn erhalten. In Fig. 1 bis 3 dient der Umschalter U zum Richtungswechsel des Drehsinnes; in Fig. 1 und 3 wird der Ankerstrom I_a umgekehrt, in Fig. 2 dagegen der Erregerstrom I_s. Die Wendepolwicklung We oder eine sonst vorhandene Querwicklung ist stets gemeinsam mit dem Anker An zu schalten.

Der Drehsinn (Rechtslauf: im Uhrzeigersinn, Linkslauf: entgegen dem Uhrzeigersinn) ist bei Maschinen stets von der oberen Riemenscheiben- bzw. Kupplungsseite aus gesehen zu verstehen.

E. Das Anlassen.

Schaltet man den stillstehenden Motor unmittelbar an die Netzspannung E, so nimmt er in den ersten Augenblicken einen außerordentlich hohen Strom

$$I_k = \frac{E}{R} \tag{22}$$

auf, wenn R der sehr kleine Widerstand des Ankerstromkreises ist und wenn vom Erregerstrom I_e und von der dämpfenden Wirkung der Selbstinduktion abgesehen wird. Bei Belastung mit dem Vollaststrom I_v ist nämlich etwa $I_v R = 0{,}02\,E$ bis $0{,}1\,E$, so daß der Anlaufstrom $I_k = \frac{I_v}{0{,}02}$ bis $\frac{I_v}{0{,}1}$ oder das 50 bis 10fache des Vollaststromes I_v wird. Da dieser hohe Strom sowohl den Motor erheblich gefährdet, als auch ungünstig auf das Netz rückwirkt, so wird zur Inbetriebsetzung eines Motors entweder die Spannung E an den Motorklemmen (z. B. bei der Leonardschaltung) herabgesetzt oder es wird vor den Anker ein abgestufter Anlasser mit dem Widerstand R_v (Fig. 1 bis 3) geschaltet, der mit zunehmender Motorgeschwindigkeit verringert und schließlich ganz ausgeschaltet oder kurzgeschlossen wird. Die Ermittlung der Abstufung solcher Anlasser findet sich im Band 711, S. 98 der Sammlung Göschen.

Ist nach S. 14 der gesamte innere Motorwiderstand $R_x = R_a + R_k + R_w + R_s$ und setzt man $R_1 = R_v + R_x$, so folgen die gesamten Widerstände $R_1, R_2, R_3, \cdots R_x$ auf den x Schaltstufen des Anlassers einer geometrischen Reihe, d. h. es ist

$$\frac{R_1}{R_2} = \frac{R_2}{R_3} = \frac{R_3}{R_4} = \cdots = \frac{R_{x-1}}{R_x} = \lambda \tag{23}$$

und

$$\frac{R_1}{R_x} = \lambda^{x-1}.$$

Die Stufenzahl x soll also sein:

$$x = 1 + \frac{\log \varepsilon}{\log \lambda}. \tag{24}$$

Dabei ist

$$\varepsilon = \frac{R_v + R_x}{R_x}; \qquad \lambda = \frac{I_{a\ \max}}{I_{a\ \min}} = 1{,}3 \div 2{,}0$$

ist die Schwankung des Anlaufstromes beim Schalten von Stufe zu Stufe und $R_v + R_x = \frac{E}{I_{a\ \max}}$, wenn $I_{a\ \max} = I_v$ bis $3\,I_v$ gewählt wird (I_v = Vollaststrom).

Auf irgendeiner Stufe des Anlassers gilt für den aufgenommenen Strom I_a die Beziehung (1) zusammen mit (2) und (2 a), wenn E_0 entsprechend der augenblicklich vorhandenen Umlaufszahl n aus (3) berechnet wird und R_r der gerade eingestellte Anlaßwiderstand ist.

Nach Gleichung (9), die unmittebar auch für den Anlauf gilt, läßt sich ein kräftiges Anzugsmoment sowohl durch hohen Strom I, der etwa gleich dem Ankerstrom I_a ist, wie durch hohen Kraftfluß Φ erzielen. Sobald $n > 0$ ist, drückt überdies ein hoher Kraftfluß Φ den Ankerstrom I_a herunter. Während des Anlaufes ist also soweit als möglich ein starker Erregerstrom einzustellen. Der Erregerstrom I_r des Nebenschlußmotors ist deshalb unmittelbar dem Netz zu entnehmen (Fig. 1 und 3) und nicht etwa von den Ankerklemmen abzuzweigen, an denen zu Beginn des Anlaufes keine nennenswerte Spannung herrscht. Außerdem ist bei Anlauf in Fig. 1 der Feldregelwiderstand R_r kurzzuschließen und in Fig. 2 der Regelwiderstand R_r auszuschalten. Unterbricht man den Nebenschluß-Regler R_r in Fig. 1 ganz, so verschwindet der Kraftfluß Φ und damit die Gegen-$EMK = E_0$ fast ganz; die Folge ist, daß der Motor wegen zu großer Stromaufnahme Schaden nimmt oder verbrennt. Bei schwacher Belastung sucht er nach Gl. (7) durchzugehen. Zur Verhinderung der Unterbrechung dient der Anschlag h in Fig. 1. Aus den gleichen Gründen darf der Regler R_p in Fig. 2 nicht ganz kurzgeschlossen werden. Der Hauptstrommotor hat den Vorzug, daß sein hoher Anlaufstrom $I = I_a$ auch gleichzeitig einen großen magnetischen Kraftfluß Φ erzeugt, da Anker- und Erregerstrom identisch sind.

Es empfiehlt sich, möglichst allgemein die Gleichstromanlasser mit einer Überstrom- und einer Nullspannungsauslösung zu versehen, die den Anlasser bei einem bestimmten, einstellbaren Überstrom und beim Rückgang der Betriebsspannung auf die Hälfte oder weniger in die Nullage bringt.

Kleine Hauptstrommotoren oder Doppelschlußmotoren, deren Reihenschlußerregung nach erfolgtem Anlauf ausgeschaltet werden kann, werden vielfach ohne Anlaßwiderstand unmittelbar an das Netz geschaltet. Ähnlich steuert man wohl auch Unterseebootsmotoren, die über einen kleinen festen Widerstand R_v oder auch über eine dauernd eingeschaltete Drosselspule unmittelbar an die stromliefernde Akkumulatorenbatterie gelegt werden. In solchen Fällen ist zu bedenken, daß wegen des Einflusses der Selbstinduktion der in Gl. (22) errechnete Wert I_k des Anlaufstromes nicht erreicht wird und daß wegen des hohen Anzugsmomentes der Motor sehr rasch auf Geschwindigkeit kommt, weswegen auch der Anlaufstrom rasch abfällt. Wenn L die Selbstinduktivität des Ankerstromkreises ist, so gilt statt (1) genauer für den aufgenommenen Ankerstrom

$$I_a R = E - E_0 - L \frac{d I_a}{d t}. \qquad (25)$$

Über diese interessante Aufgabe ist Näheres bei Trettin in E.T.Z. 1912, S. 759 nachzulesen.

Nach Gleichung (1) läßt sich der dem Motor zufließende Ankerstrom I_a nicht allein durch Einschalten eines Widerstandes R_v, sondern auch durch Verringerung der Klemmenspannung E herabsetzen. Benützt man beim Anlassen eines Motors einen besonderen Anlaßgenerator, dessen Spannung allmählich von Null auf den vollen Wert gesteigert wird, so kann der Anlauf ganz ohne Vorschaltwiderstand im Hauptstrom, also — grob ausgedrückt — verlustlos erfolgen. Diese Anlaßschaltung mit Hilfe einer Anlaß- oder Steuerdynamo wird auch zur verlustlosen Geschwindigkeitsregelung in weiten Grenzen herangezogen und mit Leonardschaltung bezeichnet. Auch alle übrigen nachstehend behandelten Verfahren zur Drehzahlregelung können an Hand der Gl. (1) während der ganzen Anlaufsperiode oder wenigstens während eines Teiles derselben zur Inbetriebsetzung von Motoren oder zur Erreichung der vollen Drehzahl benützt werden.

Für die Wirtschaftlichkeit eines Anlaßverfahrens ist der Anlaß-Wirkungsgrad η_a, also das Verhältnis Nutzarbeit zu Netzarbeit

$$\eta_a = \int_0^{t_a} E_0 (I - I_0)\, dt : \int_0^{t_a} E\, I\, dt \qquad (26)$$

über die Anlaßzeit t_a, die bei Erreichung der vollen Drehzahl abgeschlossen ist, maßgebend. Bei Anlauf mit Ankervorschaltwiderstand R_v (Fig. 1) steigt E_0 während der Zeit t_a von 0 auf E, im Durchschnitt ist $E_0 = \frac{E}{2}$ oder $\eta_a = \sim 0{,}5$. Unter Einrechnung der Motorverluste ist η_a für den Nebenschlußmotor bei Anlauf mit Ankervorschaltwiderstand etwa 0,40 ÷ 0,45 und steigt auf $\eta_a = 0{,}7 \div 0{,}8$, wenn mit einer Anlaßdynamo (siehe unter F i) oder in der Reihenparallelschaltung (siehe unter F f) angelassen wird.

F. Geschwindigkeitsregelung.

Die sämtlichen Verfahren zur Änderung der Geschwindigkeit von Gleichstrommotoren sind in der Gl. (7) für n niedergelegt, die in Gl. (16) und (20) für den Neben- und Reihenschlußmotor entsprechend umgeformt ist.

a) Durch Einschalten von Vorschaltwiderstand R_v (Fig. 1) in den Ankerkreis wird in Gl. (7) bei gleichbleibendem Strom I_a das Glied $I_a R$ vergrößert und deshalb sowohl für den Nebenschluß- als auch für den Reihenschlußmotor die Drehzahl herabgesetzt. Ist n_0 die Drehzahl für $R = 0$, so stellt sich allgemein die Drehzahl n ein, die nach Gl. (11) und (12) folgt aus

$$\frac{n}{n_0} = 1 - \frac{I_a R}{E} = \sim \left(1 - \frac{I_a R_v}{E}\right) = 1 - \nu. \qquad (27)$$

$\nu = \frac{I_a R}{E} = \sim \frac{I_a R_v}{E}$ ist die relative Schlüpfung, die durch R_v verursacht wird, d. h. der Motor schlüpft bei gleichbleibendem Strom I proportional dem Vorschaltwiderstand R_v. Da der Anlaßwiderstand R_v (Fig. 1 und 2) in der Regel nur für eine gesamte Einschaltezeit von 10 bis 60 s berechnet ist, so ist er für die Geschwindigkeitsregelung nicht ohne weiteres benützbar; dafür ist eine reichlichere Bemessung notwendig. Das Regelverfahren mit Ankervorschaltwiderstand, in dem die Leistung $I_a^2 R_v$ verlorengeht, ist unwirtschaftlich, da der Wirkungsgrad η auf etwa $\eta' = (\eta - \nu) = \left(\eta - \frac{I_a R_v}{E}\right)$ verringert wird. Die Größe der Geschwindigkeitsregelung ist überdies stark von der Belastung abhängig[1]; die Schlüpfung ν ist bei gleichbleibendem Widerstand $R = \sim R_v$ proportional dem Belastungsstrom I_a, d. h. bei schwacher Belastung

[1] Der Nebenschlußmotor nimmt Reihenschluß-Charakter an.

ist die Drehzahl viel höher und die Regelung viel geringer als bei starker Belastung. Um bei schwacher Belastung eine ausgiebigere Regelung zu erzielen, kann man sich veranlaßt sehen, parallel zum Anker *An* (Fig. 1) noch einen weiteren Widerstand zu schalten.

b) Schwächt man den Erregerstrom I_e des Nebenschlußmotors durch einen Vorschaltwiderstand R_r (Fig. 1) oder den Erregerstrom I_s des Reihenschlußmotors durch einen Parallelwiderstand R_p (Fig. 2), so wird der Kraftfluß Φ kleiner und deshalb nach Gl. (7 a) die Drehzahl n höher. Für den Nebenschlußmotor läßt sich aus der Charakteristik Fig. 6, die Φ in Abhängigkeit von I_e darstellt, mit Hilfe von Gl. (7 a) die Drehzahl n in Abhängigkeit von I_e ermitteln. Der erforderliche Feldwiderstand ist $R_e + R_r = E : I_e$, siehe Fig. 6 unten. Aus (7 a) und (15) findet man für den Nebenschlußmotor (Fig. 1) die Beziehung

$$n = c(E - I_a R)\left(\gamma + \frac{\beta}{I_e}\right) = c(E - I_a R)\left(\gamma + \frac{\beta(R_e + R_r)}{E}\right) \quad (28)$$

aus (7 a) und (19) für den Reihenschlußmotor (Fig. 2)

$$n = c(E - IR)\left(\gamma + \frac{\beta}{I_s}\right) = c(E - IR)\left\{\gamma + \frac{(R_s + R_p)\cdot\beta}{I R_p}\right\}. \quad (29)$$

Bleibt der Regelwiderstand R_r (Fig. 1) fest eingestellt, so behält der Nebenschlußmotor jeweils seinen Charakter als Motor mit praktisch gleichbleibender Geschwindigkeit bei veränderlicher Belastung bei. Der Reihenschlußmotor nimmt für jeden Regelwiderstand R_p (Fig. 2) eine ihm eigentümliche Geschwindigkeitskurve n (Fig. 7) an, die um so höher liegt, je kleiner $\frac{R_p}{R_s}$ ist.

Der Verlust im Regelwiderstand R_r und R_p ist praktisch verschwindend klein gegenüber der vollen Motorleistung P_n; der Motorwirkungsgrad ändert sich deshalb bei diesem Regelverfahren und bei konstanter Leistung mit veränderlicher Drehzahl nicht nennenswert.

Die Geschwindigkeitssteigerung durch Feldschwächung wird praktisch etwa bis zum Verhältnis kleinste/größteDrehzahl $= n_k : n_h = 1 : 4$ ausgeführt. Der Motor muß natürlich für die kleinste Drehzahl gebaut werden und wird deshalb um so teuerer, je größer der zu regelnde Drehzahlbereich ist. Bei allzu weitgehender Feldschwächung treten leicht unstabile Verhältnisse in der Motorgeschwindigkeit und Pendelerscheinungen, ferner Feuererscheinungen, besonders Rundfeuer am Kommutator, auf.

Wird eine Geschwindigkeitsänderung von einem Kleinstwert n_k (= 100) auf einen Höchstwert n_h (= 1500) verlangt, wird aber der Bereich n_k (= 100) bis zum Zwischenwert n_z (= 500) nur selten gebraucht, so vereinigt man das Verfahren (a) und (b) zu einem Ab- und Aufwärtsregler. Der Motor wird für n_z (= 500) Uml/min gebaut, durch Ankervorschaltwiderstand R_v wird die Drehzahl auf n (= 100) herabgedrückt und durch einen Feldregler R_r auf n_h (= 1500) hinaufgesetzt.

Ohne daß eine Geschwindigkeitsregelung verlangt wird, ist die Verwendung eines Motors mit Geschwindigkeitssteigerung durch Feldschwächung auch dann am Platz, wenn der Motor oft angelassen und umgesteuert wird. Es wird nämlich dadurch der Anlaßwirkungsgrad wesentlich besser, da nur bis $\frac{1}{2}$ oder $\frac{1}{4}$ der vollen Geschwindigkeit mit Ankervorschaltwiderstand angelassen wird und das weitere Anlassen ohne Verluste außerhalb des Motors erfolgt.

c) Durch einen inneren Eingriff in die Erregerwicklung läßt sich der Kraftfluß Φ und damit die Umlaufszahl n

ebenfalls ändern. Es geschieht das hin und wieder beim Reihenschlußmotor durch Ab- und Zuschalten von Erregerwindungen oder durch geeignete Reihenparallelschaltung der Erregerspulen.

d) Werden die Magnetpole gegenüber dem Anker radial verstellbar gemacht, so ergibt sich eine Möglichkeit zur Veränderung des Luftspaltes δ zwischen Feld und Anker und damit des Kraftflusses Φ, also auch der Drehzahl n. Je größer der Luftspalt δ gemacht wird, desto schneller läuft der Motor.

e) Innerhalb bescheidener Grenzen bietet die Bürstenverschiebung ε auf dem Kommutator (Fig. 10) ein Mittel zur Veränderung der Motorgeschwindigkeit. Der Bereich der Bürstenverstellung wird in beiden Richtungen durch das auftretende Bürstenfeuer begrenzt. Die Wirkungsweise dieses Verfahrens beruht darauf, daß durch eine Bürstenverschiebung die Rückwirkung der im Anker und in den kurzgeschlossenen Spulen fließenden Ströme und damit das Hauptfeld Φ und auch die Wirkung des Wendepolfeldes geändert wird. Im allgemeinen wird ein Bürstenrückschub gegen die Drehrichtung eine Geschwindigkeitssteigerung, ein Vorschub, der wegen Funkenbildung immer ungünstig ist, einen Geschwindigkeitsabfall herbeiführen

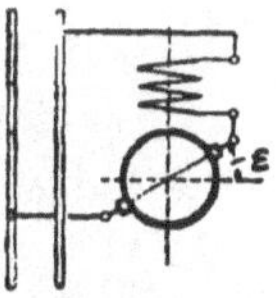

Fig. 10. Bürstenverschiebung.

Die mit konstantem Strom I gespeisten Reihenschlußmotoren werden vielfach ausschließlich durch Bürstenverstellung in weiten Grenzen geregelt. Ist ε nach Fig. 10 der veränderliche Bürstenwinkel, so geht der Ausdruck (21) für das Drehmoment M, der nur für $\varepsilon = 0$ gilt, näherungsweise über in

$$M = C\,(I - I_0)\,\frac{I\cos\varepsilon}{\beta' + \gamma I} \tag{30}$$

und Gl. (20) für die Drehzahl in

$$n = c\,(E - IR)\,\frac{\beta' + \gamma I}{I\cos\varepsilon}\,. \tag{31}$$

f) Die Umlaufszahl n ist der Spannung an den Motorklemmen direkt proportional. Die Spannungsänderung an den Motorklemmen kann nun grundsätzlich entweder durch geeignete Schaltung des

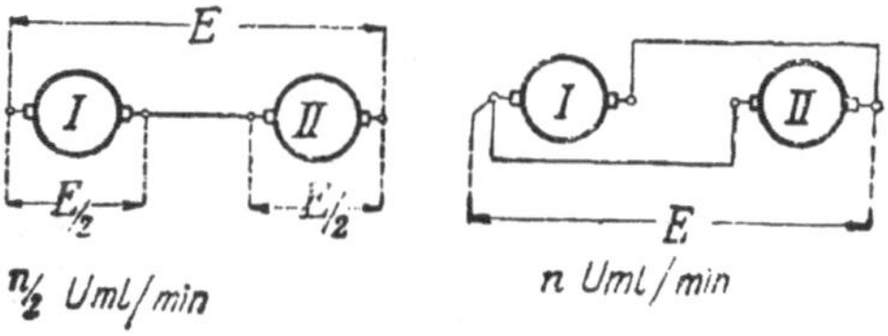

Fig. 11 a u. b. Reihenparallelschaltung.

stromliefernden Generators oder aber durch Umschaltungen an den Motoren herbeigeführt werden. Zu der letzten Art gehört die Reihenparallelschaltung von 2 oder 4 Motorankern oder einer anderen Zahl nach Fig. 11 a und 11 b: Liegen die Motoranker hintereinander (Fig. 11 a), so ist die Umlaufszahl halb so groß, wie wenn sie parallel geschaltet sind (Fig. 11 b). Bei 4 Ankern lassen sich die Drehzahlen $\frac{n}{4}$ (vier Anker in Reihe), $\frac{n}{2}$ (2 Gruppen parallel mit je 2 Ankern in Reihe) und n (alle parallel), wenn nötig auch $n/3$ einstellen. Das Verfahren ist wirtschaftlich, der Wirkungsgrad des Motorsatzes ist bei gleichem Drehmoment für die niedrigste Drehzahl $n/2$ oder $n/4$ nur um wenige Prozente kleiner als bei der höchsten Drehzahl n.

Die Reihenparallelschaltung regelt sprungweise; zwischen 0 und $\frac{n}{4}$, $\frac{n}{4}$ und $\frac{n}{2}$, $\frac{n}{2}$ und n kann die Geschwindigkeit mit Hilfe eines Feldreglers R_r (Fig. 1) oder eines Ankervorschaltwiderstandes R_v (Fig. 1) geändert werden. Die Erregung erfolgt im Neben-, Reihen- oder Doppelschluß. Ferner kann jeder Anker zu einem eigenen Motor gehören oder die Anker werden zu einem einzigen Doppelkollektormotor oder Vierfach-Kollektormotor (selten!) in einem Gestell zusammengebaut.

Die Drehzahl n ist nach Gl. (7) umgekehrt proportional der effektiven Ankerleiterzahl Z; des-

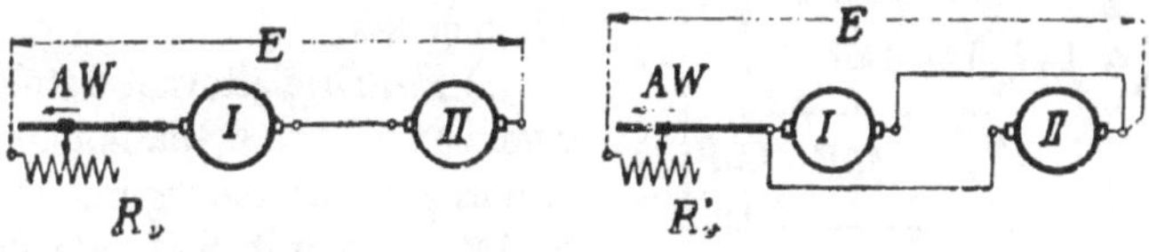

Fig. 12 a u. b. Anlauf in Reihenparallelschaltung.

halb kann man die Reihenparallelschaltung auch als eine Änderung der Zahl Z der Ankerleiter auffassen, die einmal als $2Z$ hintereinander und dann parallel geschaltet werden. Von anderen Verfahren zur Änderung der Leiterzahl Z ist wohl nur die Anbringung von Zwischenbürsten mitten zwischen den Hauptbürsten erwähnenswert, wie das von den Dreileitermaschinen her bekannt ist. Es können überhaupt alle Generatoren in Dreileiterschaltung als Motoren zur Geschwindigkeitsänderung im Verhältnis 1 : 2 benutzt werden.

Bei Reihenparallelschaltung wird der Anlaßwiderstand AW (Fig. 12 a) kleiner als bei dem üblichen Anlassen nach Fig. 1. Allerdings muß das Anlassen in zwei Stufen nach

Fig. 12 a und 12 b geschehen. Beim Umschalten von Reihen- in Parallelschaltung, die nach Ausschalten oder Kurzschließen des Anlaßwiderstandes AW (Fig. 12 a) geschieht, werden in der Regel beide Motorkreise einen Augenblick ganz unterbrochen. Schwächt man in Schaltung Fig. 12 a nach Ausschaltung von R_v das Feld des Motors I so lange bis die volle Drehzahl n erreicht ist, während das Feld des Motors II unverändert stark bleibt, so kann man nach einem Verfahren der SSW dann der Reihe nach den Motor I kurzschließen, abschalten, wieder erregen und schließlich parallel zum Motor II legen, der dauernd am Netz geblieben war.

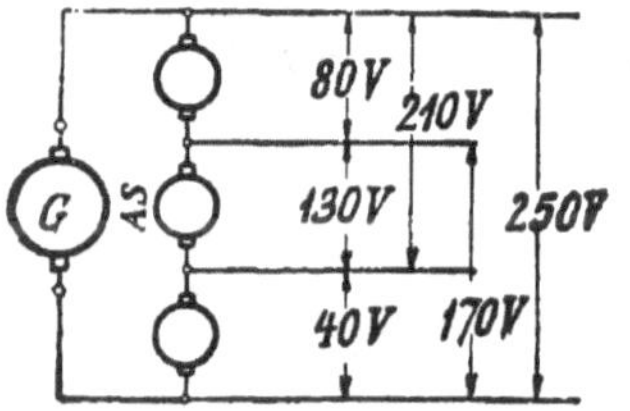

Fig. 13. Mehrleiternetz.

g) Ein Dreileiternetz stellt zwei verschiedene Spannungen E und $2\,E$ zur Verfügung und gestattet damit bei gleichbleibender Erregung eine wirtschaftliche Geschwindigkeitsregelung im Verhältnis 1 : 2. Mit Hilfe eines geeigneten Mehrleiternetzes Fig. 13 läßt sich eine noch viel weitergehende wirtschaftliche, aber sprungweise Geschwindigkeitsänderung schaffen, und zwar für Fig. 13 folgende sechs Stufen: n; $\frac{210}{250}\,n = 0{,}84\,n$; $\frac{170}{250}\,n = 0{,}68\,n$; $\frac{130}{250}\,n = 0{,}52\,n$; $\frac{80}{250}\,n = 0{.}32\,n$ und $\frac{40}{250}\,n = 0{,}16\,n$ oder z. B. 2000, 1680, 1360, 1040, 640 und 320 Uml/min. Zwischen diesen Stufen kann man mit Ankervorschalt- und Feldregelwiderständen R_v und R_r arbeiten. AS in Fig. 13 ist ein Satz Ausgleichsmaschinen zur Spannungsteilung.

h) Eine Akkumulatorenbatterie mit Zellenschalter gestattet die Abzapfung der verschiedensten Spannungen zwischen 0 und der ganzen Batteriespannung E und schafft damit eine einfache Möglichkeit zum wirtschaftlichen Anlassen und Regeln. Da aber eine derart ungleichmäßige Beanspruchung einer Batterie und eine Parallelschaltung von Batteriegruppen meist nicht angängig ist, wird dieses Verfahren selten angewendet.

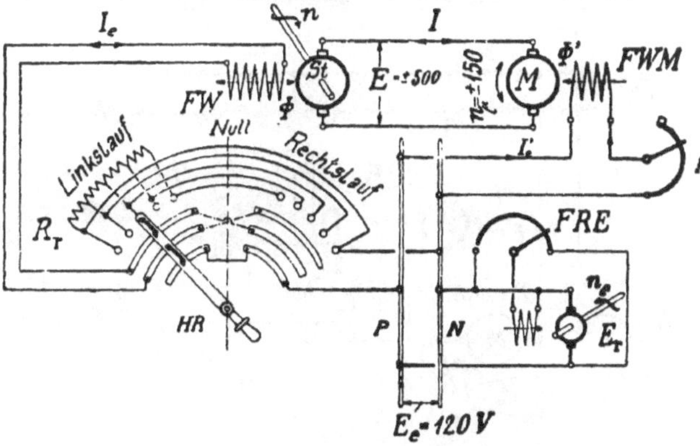

Fig. 14. Leonardschaltung mit Steuerdynamo.

i) Das vollkommenste Verfahren zum Anlassen, Geschwindigkeitsregeln, Umsteuern und elektrischen Bremsen (siehe später unter H) eines einzelnen Motors besteht in der Verwendung einer eigenen Anlaß- oder Steuerdynamo in der sogenannten Leonardschaltung Fig. 14. Der Anker der Steuerdynamo *St*, der irgendwie z. B. von einer Dampf- oder Wasserturbine oder einem Drehstrommotor angetrieben wird, ist unmittelbar auf den Anker des Motors *M* geschaltet. Die Erregerwicklung *FW* wird von den Erregersammelschienen *PN*, die von der Erregermaschine E_r gespeist werden, über den vielstufigen Umkehr-Feldregler *HR* mit Strom versorgt. Je nachdem der Schalthebel des Regler *HR* nach links oder rechts verschoben wird, erhält die Steuerdynamo ihren Erregerstrom I_e über den Vorschaltwiderstand R_r in dem einen oder anderen Sinn. Der Richtung des Erregerstromes entspricht dann ebenfalls die eine oder andere Richtung des Kraftflusses Φ und der Klemmenspannung E sowie des dem Motor M zufließenden Stromes I. Da der Motor M von den Sammel-

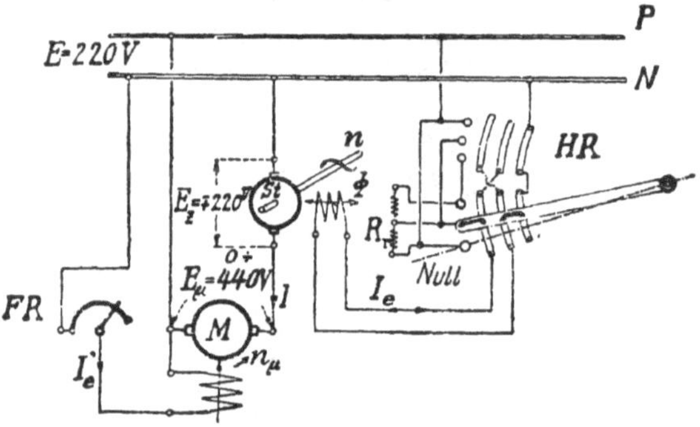

Fig. 15. Zu- und Gegenschaltung.

schienen *PN* dauernd gleichsinnig fremd erregt ist, wechselt er seinen Drehsinn n_μ mit der Richtung des Stromes I, der den Motor M in Betrieb bringt. Durch Weiterdrehen des Schalthebels *HR* von der Nullage aus wird der Vorschaltwiderstand R_r immer mehr verringert und die Spannung E gesteigert. Die Drehzahl n_μ des Motors steigt dann etwa proportional mit E. Die Höchstgeschwindigkeit $\pm n_\mu$ läßt sich dadurch, daß der größte Ausschlagswinkel des Schalthebels *HR* verschieden begrenzt wird, verändern. Diese Einstellung der Höchstgeschwindigkeit n_μ führt man jedoch für längere Arbeitsabschnitte zweckmäßiger durch Regelung des Motorerregerstromes I. mit Hilfe des Feldreglers *FRM* aus. Arbeiten verschiedene Motoren immer zeitlich nacheinander, so können sie aus einer gemeinsamen Steuerdynamo über einen Mehrfach-Umschalter bedient werden. Für rasches und genaues Arbeiten ist die Steuerdynamo mit Schnellerregung und Antiremanenzschaltung auszurüsten.

k) Soll der fragliche Motor nur in einem Sinn laufen und steht als Energiequelle unmittelbar ein Gleichstromnetz zur Verfügung, so kann an Stelle der Leonardschaltung die Zu- und Gegenschaltung nach dem Schaltplan Fig. 15 treten. Die Anlaß- und Steuerdynamo *St* wird wieder irgendwie mit etwa konstanter Geschwindigkeit n angetrieben. Zunächst wird sie mit Hilfe des Hauptreglers *HR* in der Nullage (Fig. 15) bei ausgeschaltetem Widerstand R_r in einem Sinn voll (stark) erregt, so daß sie eine Spannung $E_z = -220$ V entwickelt, die die Netzspannung $E = 220$ V gerade aufhebt. Es ist dann die Motorspannung $E_u = E - E_z = 0$. Wird jetzt der Erregerstrom I_e durch Vorschalten von Widerstand R_r allmählich geschwächt, so sinkt E_z und E_u steigt. Der vom Netz erregte Motor läuft an und seine Drehzahl n_u steigt proportional E_u. Wird der Erregerkreis durch *HR* in der Mittelstellung unterbrochen, so ist $I_e = 0$, $E_z = 0$ und $E_u = E$. Im weiteren Verlauf wird I_e umgekehrt und R_r wieder vorgeschaltet. E_z wird dann negativ und die Motorspannung $E_u = E + E_z$, die allmählich auf $E_u = 2\,E = 440$ Volt ansteigt und n_u auf den verlangten Höchstwert bringt. Dieser Höchstwert läßt sich mittels des Feldreglers *FR* nach Wunsch einstellen. *St* ist abwechselnd Motor und Generator.

1) Aus Gl. (7) ist zu entnehmen, daß eine sprungweise Geschwindigkeitsregelung durch eine Änderung der Polzahl $2p$

möglich ist, da n umgekehrt proportional p ist. Die Polumschaltung der Wicklungen bietet jedoch, wenn sie überhaupt durchführbar ist, für Gleichstrommotoren so viele Schwierigkeiten, daß dieses Verfahren nicht angewendet wird.

m) Stützt man das Feldgestell mit Lagern auf der Ankerwelle ab, so kann dasselbe im einen oder anderen Sinn sich um den Anker drehen. Daraus lassen sich Anlaß- und Geschwindigkeitsregelverfahren entwickeln, die jedoch wenig Verbreitung gefunden haben.

n) Die Regelung von Reihenschlußmotoren, die mit konstantem Hauptstrom I arbeiten[1]), geschieht durch Widerstände parallel zur Feldwicklung oder durch Ab- und Zuschalten von Feldwindungen oder durch weitgehende Bürstenverstellung.

G. Pendelerscheinungen.

An raschlaufenden Nebenschlußmotoren mit Wendepolen lassen sich besonders bei einer Drehzahlsteigerung durch Feldschwächung oder bei rascher Belastungsvermehrung störend wirkende Pendelerscheinungen mit einer Schwingungsdauer von 1 bis 5 s beobachten. Diese Geschwindigkeitsschwankungen haben ihre Ursache in einer Schwächung des Hauptfeldes durch die Ankerrückwirkung, die sowohl vom Ankerstrom selbst wie von den Strömen in den durch die Bürsten kurzgeschlossenen Ankerspulen herrührt. Diese letztgenannten Kurzschlußströme werden von der Wendepolerregung und von der Bürstenstellung wesentlich beeinflußt. Die beiden Energiespeicher, zwischen denen die Pendelenergie hin- und herwogt, sind das Magnetfeld des Motors und die sich drehenden Motormassen. Die Schwingungen werden durch den Widerstand der Ankerwicklung gedämpft; bei schwacher Dämpfung wachsen sie jedoch mit der Zeit so stark an, daß ein Dauerbetrieb unmöglich wird. Diese Pendelgefahr läßt sich durch folgende Mittel vermeiden oder wenigstens vermindern:

1. durch eine Vergrößerung des Verhältnisses Selbstinduktivität zu Widerstand der Erregerwicklung, also
2. durch Vergrößerung des Verhältnisses Feld-AW zu Anker-AW, was durch einen größeren Luftspalt bewirkt wird,
3. durch hohe Eiseninduktionen,

---

[1]) Siehe Göschen: Niethammer „Schaltanlagen in elektrischen Betrieben“ Band I Fig. 14.

4. durch eine feldverstärkende Hauptstrom-Erregerwicklung,
5. durch Bürstenvorschub,
6. durch Erhöhung des Widerstandes im Ankerstromkreis,
7. durch Verringerung des Trägheitsmomentes der Ankermassen.

Näheres findet man bei K. Humburg, Das Pendeln von Gleichstrommotoren mit Wendepolen, Berlin 1912 (J. Springer) und in ETZ, 1907, Heft 13.

Arbeitet ein Doppelschlußgenerator, dessen Reihenschlußerregung die Nebenschlußerregung verstärkt, ausschließlich auf einen Nebenschlußmotor mit großem Trägheitsmoment, so kann es beim Anlassen vorkommen, daß der Motor fortwährend zwischen Vorwärts- und Rückwärtslauf langsam hin- und herwogt, wobei Motor und Generator immer wieder ihre Rolle tauschen; siehe Handbuch der Elektrotechnik, Bd. IX, 2. Aufl., S. 18. — Über Schwingungen an elektrischen Maschinen einschließlich der Motoren siehe E. u. M. 1916, S. 509.

H. Bremsung.

Wird ein Gleichstrommotor von außen mechanisch angetrieben, so kann er als Generator arbeiten und, wenn seine *EMK* E_0 größer als die Klemmenspannung E ist, nach einer Gl. (1) entsprechenden Beziehung einen Ankerstrom

$$I_a = \frac{E_0 - E}{R} = \frac{kn\Phi - E}{R} \tag{32}$$

abgeben. Die Bremsung kann in drei verschiedenen Schaltungen erfolgen:

1. als Kurzschluß- oder Widerstandsbremsung
2. als Nutzbremsung und
3. als Gegenstrombremsung.

Im ersten Fall wird die Maschine vom Netz abgeschaltet und gibt die mechanisch aufgenommene Energie an Belastungswiderstände in Form von Wärme I^2R ab. Voraussetzung ist, daß die Maschine ausreichende magnetische Remanenz besitzt, um sich selbst zu erregen; zur Sicherheit wird häufig beim Einsetzen der Bremsung Fremd- oder Netzerregung vorgesehen. Die Nutzbremsung besteht darin, daß die Bremsenergie ins Netz geliefert wird, wo sie für andere Stromverbraucher nutzbar verwendet oder in einer Batterie aufgespeichert wird. Die Gegenstrombremsung ergibt sich dann, wenn man einen nach links oder vorwärts laufenden Motor auf Rechts- oder Rückwärtslauf umschaltet. Sie ist in der Regel mit einem heftigem Stromstoß und großen mechanischen Beanspruchungen verknüpft, da in dieser Schaltung E_0 und E gleichgerichtet sind und deshalb für den Bremsstrom gilt

$$I_a = \frac{E_0 + E}{R}. \tag{32 a}$$

Eine Bremsung bis zum Stillstand ist nur bei der Gegenstromschaltung zu erzielen. Eine ausgiebige Nutzbremsung ist in der Regel nur in der Nähe der betriebsmäßigen Motorgeschwindigkeiten möglich. Die Kurzschlußbremsung wirkt nahezu bis an den Stillstand heran, wenn mit abnehmender Drehzahl n der Widerstand R entsprechend verkleinert wird.

Da ein Motor bei stark aus der neutralen Zone verschobenen Bürsten auch unerregt arbeiten kann, so kann er bei einer solchen Bürstenstellung ohne Erregung auch als Bremse wirken.

Der Nebenschlußmotor eignet sich ohne weiteres in vorteilhaftester Weise für alle drei Bremsverfahren. Die Stärke der Bremsung läßt sich nicht allein durch Vorschaltwiderstand R_v (Fig. 1) vor dem Anker, sondern auch durch Änderung des Erregerstromes I_e mit dem Regler R_r (Fig. 1) beeinflussen. Der Übergang des Nebenschlußmotors vom Motor- zum Generatorbetrieb, also zur Nutzbremsung, erfolgt völlig selbsttätig ohne Umschaltung, sobald der äußere Antrieb die Motorgeschwindigkeit n so weit über die Leerlaufgeschwindigkeit n_0 gesteigert hat, daß $E_0 > E$ wird. Die in Gl. (11) und (27) definierte Schlüpfung ν muß bei Generatorbetrieb negativ werden, d. h.

$$\nu = \frac{n}{n_0} - 1 = -\frac{I_a R}{E}.$$

Ist z. B. bei Vollast $\nu = 0{,}05$ und $n_0 = 1000$ Uml/min, so arbeitet die Maschine bei $n_\mu = n_0 (1 - \nu) = 950$ Uml/min. als vollbelasteter Motor und bei $n_g = n_0 (1 + \nu) = 1050$ Uml/min als vollbelasteter Generator, also als Nutzbremse.

Durch Änderung des Erregerstromes I_e und damit des Kraftflusses Φ läßt sich die Bremsdrehzahl n_g in weiten Grenzen verstellen, da auch hier die Gl. (7) in der etwas geänderten Form

$$n_g = \frac{(E + I_a R)\, a \cdot 60 \cdot 10^8}{p \cdot Z \cdot \Phi} \tag{33}$$

gilt. Die Bremsdrehzahl n_g kann deshalb auch mit allen anderen Mitteln, die im Kapitel F „Geschwindigkeitsregelung" bekanntgegeben sind, beeinflußt werden.

Arbeiten zwei gleiche Nebenschlußmotoren parallel, so können in der Nutzbremsschaltung kleine Unterschiede in der Drehzahl n_1 und n_2 beider Maschinen sehr große Belastungsverschiedenheiten beider Maschinen hervorrufen, ja es kann gleichzeitig eine Maschine als Generator, die andere als Motor arbeiten.

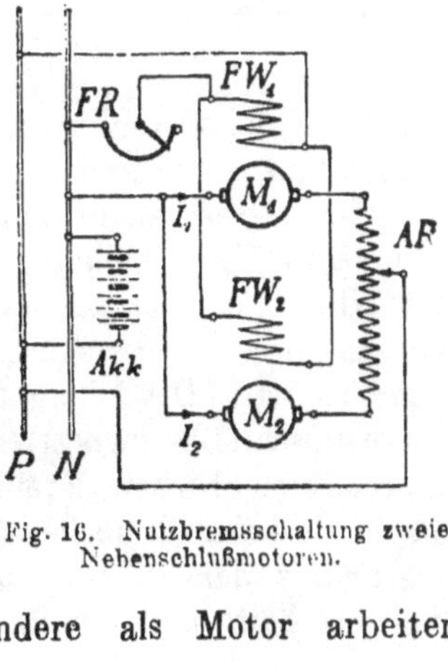

Fig. 16. Nutzbremsschaltung zweier Nebenschlußmotoren.

Innerhalb gewisser Grenzen ist durch einen regelbaren Widerstand *AR* in Fig. 16, der zwischen beide Anker geschaltet wird, ein Ausgleich der Bremsbelastung zwischen beiden Motoren möglich. Durch eine getrennte Regelung der beiden Feldwicklungen FW_1 und FW_2 kann die Belastungsverteilung ebenfalls beeinflußt werden.

Der Reihenschlußmotor ist unmittelbar zur Nutzbremsung nicht zu verwenden, da ja der Übergang vom Motor- zum Generatorbetrieb durch das Dreh-

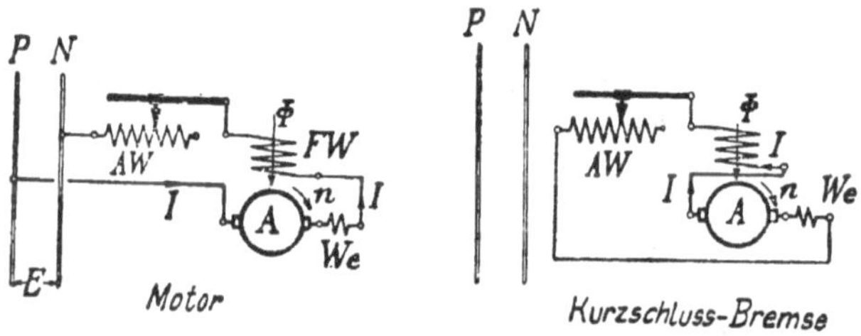

Fig. 17 u. 18. Übergang vom Motor- zum Bremsbetrieb für einen Reihenschlußmotor.

moment Null, also über die unendlich große Drehzahl *n* erfolgen müßte und in dem praktisch nicht faßbaren Augenblick dieses Überganges immer eine Umschaltung zwischen Anker- und Feldwicklung nötig wäre. In der Kurzschluß- oder Widerstandsbremsschaltung wird dagegen der Reihenschlußmotor viel verwendet, auch die Gegenstrombremsung ist anwendbar. Der Übergang vom Motorbetrieb (Fig. 17) zum Kurzschlußbremsbetrieb (Fig. 18) ist mit der aus den Figuren ersichtlichen Kreuzung der Ankerklemmen verknüpft, da beim Bremsbetrieb der Ankerstrom seine Richtung ändert, der Strom in der Erregung aber seine frühere Richtung beibehalten muß. Da die Selbsterregung einer

Gleichstrommaschine, namentlich wenn es sich um bewegliche Umsteuermotoren handelt, durchaus nicht zuverlässig ist, so kann der Motor in der Bremsschaltung Fig. 18 unter Umständen versagen, d. h. nicht ansprechen. Das läßt sich nur durch Fremderregung über einen Vorschaltwiderstand aus dem Netz oder ähnlich wie in Fig. 19 aus einer besonderen Erregermaschine oder einer Batterie, deren Klemmenspannung je etwa 0,1 E ist, vermeiden.

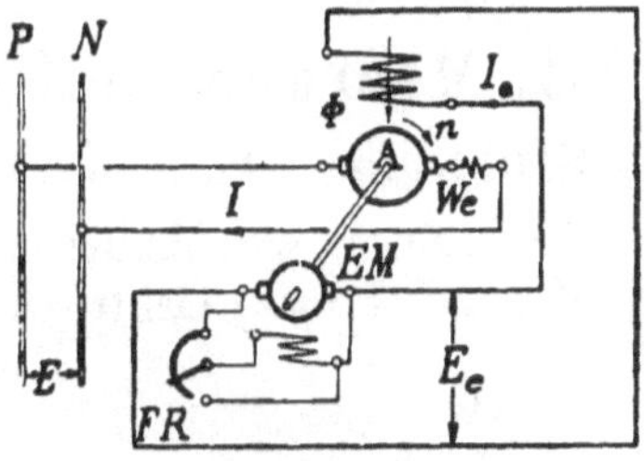

Fig. 19. Fremderregter Reihenschlußmotor in Nutzbrems-Schaltung.

Eine Nutzbremsung eines Reihenschlußmotors ist in Fig. 19 ersichtlich gemacht; die Erregung mit dem Strom I_e erfolgt aus einer besonderen Erregermaschine *EM*, deren Klemmenspannung E_e durch *FR* geregelt werden kann, so daß eine Nutzbremsung in einem gewissen Geschwindigkeitsbereich möglich wird. An die Stelle einer Erregermaschine kann auch eine Batterie treten.

Mehrphasenmotoren.

Zum Anschluß an Mehrphasennetze steht eine recht mannigfaltige Reihe von Motorbauarten zur Verfügung, wobei entsprechend den praktischen Verhältnissen in erster Linie Dreiphasenmotoren und nebenbei auch Zweiphasenmotoren in Betracht zu ziehen sind. Über die Bezeichnungsweise der einzelnen Bauarten ist man noch durchaus nicht einig. Die drei Hauptgruppen sind: Synchronmotoren, Induktionsmotoren (Asynchronmotoren) und Kommutatormotoren. Sind die einzelnen Spannungen eines Mehrphasennetzes ungleich, was z. B. dann der Fall ist, wenn die Beleuchtung nur in einer Phase liegt, so arbeiten die Mehrphasenmotoren mehr oder weniger einphasig, was unvorteilhaft ist.

III. Mehrphasige Synchronmotoren.

A. Schaltung. Drehzahl. Leistung. Drehmoment.

Wird einem gewöhnlichen in Betrieb befindlichen Synchrongenerator[1]) elektrische Energie mit der von ihm selbst erzeugten Frequenz f zugeführt, arbeitet er also parallel mit anderen Synchronmaschinen, so läuft er beim Ausbleiben seines mechanischen Antriebes als Synchronmotor weiter. Das Schaltbild eines solchen Synchronmotors mit eigener Erregermaschine E_e ist in Fig. 20 aufgezeichnet; er ist wie üblich als Innenpolmaschine mit sich drehendem Feldrad ausgebildet, dessen Erregerwicklung der Erregerstrom I_e durch zwei Schleifringe S zufließt.

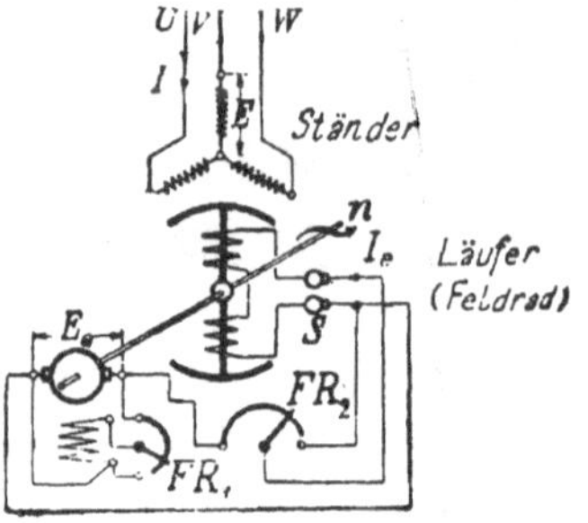

Fig. 20. Schaltplan eines Drehstrom-Synchronmotors samt Erreger.

Das Feldrad kann einzelne ausgeprägte Pole aufweisen oder es bildet bei hohen Drehzahlen eine volle Walze mit in Nuten verteilter Erregerwicklung.

[1]) Siehe Sammlung Göschen, Band Nr. 547 „Die Wechselstromerzeuger" von Fr. Sallinger. Dieses Bändchen muß wegen der Begründung für die folgenden Angaben durchwegs zu Rate gezogen werden.

Die minutliche Drehzahl n ist, wie dies der Name „Synchronmotor" schon zum Ausdruck bringt, bei allen Belastungen genau konstant, solange die Frequenz f des zugeführten Stromes sich nicht ändert. Wenn $2p$ die Polzahl des Motors ist, so gilt allgemein für die Drehzahl n

$$n = \frac{60 f}{p}, \tag{34}$$

weil auf ein Polpaar eine volle elektrische Schwingung kommt. Der Motor schlüpft überhaupt nicht. Der Läufer kann nur innerhalb einer Umdrehung bei Belastungsänderungen kleine Pendelbewegungen ausführen, die jedoch engbegrenzt bleiben müssen, sonst fällt der Motor außer Tritt und bleibt stehen, was indessen wegen des bei Stillstand aufgenommenen großen Kurzschlußstromes immer für Motor und Netz gefährlich ist.

Die dem m-phasigen (dreiphasigen) Motor zugeführte Leistung (Netzleistung) ist

$$P = m E I \cos \varphi /_3 = 3 E I \cos \varphi, \tag{35}$$

wenn E die effektive Klemmenspannung einer Phase, I der effektive Strom einer Phase und $\sphericalangle \varphi = \sphericalangle (E, I)$ der Phasenwinkel zwischen Spannung und Strom ist. Die abgegebene Nutzleistung ist

$$P_n = \eta P = \eta m E I \cos \varphi /_3 = 3 E I \eta \cos \varphi, \tag{35a}$$

wenn η der Motorwirkungsgrad ist.

Ist die Dreiphasenwicklung (Fig. 20) in Stern geschaltet, so ist die Netzspannung die verkettete Spannung $E_c = \sqrt{3} \cdot E$ und die Netzleistung ist

$$P = \sqrt{3} \cdot E_c I \cos \varphi. \tag{35b}$$

Bei Dreieckschaltung der Wicklung ist der vom Netz kommende verkettete Strom $I_c = \sqrt{3} \cdot I$ und die Netzleistung ist

$$P = \sqrt{3} \cdot E \cdot I_c \cos \varphi \tag{35 c}$$

oder allgemein: Netzleistung gleich $\sqrt{3} \times$ Netzspannung $\times$ Netzstrom $\times \cos \varphi$.

Nur bei synchroner Drehzahl n entwickelt der Motor ein (synchrones) Drehmoment M in mkg, das sich aus der Beziehung

$$M \frac{\pi n}{30} = 0{,}102\, P_n \tag{36}$$

ermitteln läßt.

Im Synchronmotor entsteht als Reaktion wie im Gleichstrommotor eine Gegen-EMK E_0, die sich aus

$$E_0 = k f \frac{Z}{am} \Phi\, 10^{-8} \tag{36 a}$$

berechnet. Dabei ist Z die totale Leiterzahl der Ständerwicklung (Fig. 20), a die Zahl der parallelen Zweige einer Phase, Φ der magnetische Kraftfluß pro Pol, soweit er die Ständerwicklung durchsetzt, erzeugt durch die Resultante der Feld- und Ständer-AW, k ist die EMK-Ziffer, die vom räumlichen Verlauf des Flusses Φ und der Anordnung der Ständewicklung abhängt. Für $m = 3$ ist überschlägig $k = 2{,}1$, für Zweiphasenmaschinen ist $k = 2{,}0$. Zur Deckung der sogenannten Leerverluste, zu denen man die Eisenverluste P_f, die Lager- und Luftreibung P_r und den Gesamtaufwand P_e für die Erregung einschließlich Erregermaschine rechnet, dient ein Verluststrom

$$I_0 = \frac{P_f + P_r + P_e}{m E_0}. \tag{37}$$

Dann kann man die Nutzleistung

$$P_n = mE_0\,(I\cos\varphi_0 - I_0) = mE_0 I_n \qquad (38)$$

setzen, wenn $\varphi_0 = \sphericalangle(-E_0, I) = \smile\varphi$ ist. $I_n = I\cos\varphi_0 - I_0$ ist der aktive Nutzstrom. Mit (34), (36a) und (38) erhält man dann aus (36) für das nutzbare Drehmoment in mkg

$$M = \left(\frac{0{,}102\,k}{2\pi}\right) p \cdot Z \frac{I_n}{a} \Phi\, 10^{-8} \qquad (38\,\mathrm{a})$$

oder

$$M = 1{,}62\,k \left(\frac{I_n}{a} Z\right)(p\,\Phi) 10^{-10} \qquad (38\,\mathrm{b})$$

oder auch ungefähr

$$M = C\,I\,\Phi\cos\varphi_0 = C\,I\,\Phi\sin\psi\,. \qquad (38\,\mathrm{c})$$

Dabei ist $\sphericalangle\,\psi = \sphericalangle\,(\Phi, I) = (90 - \varphi_0)$, da $E_0 \perp \Phi$ verläuft. Für $m = 3$ ist durchschnittlich $1{,}62\,k = 3{,}3$, also wenig größer als bei Gleichstrommotoren nach Gl. (9). C ist für einen fertigen Motor eine konstante Zahl.

Wie bei Gleichstrom gilt nach Gl. (38b) auch hier:

Drehmoment = Konstante × nutzbare Anker-Ampereleiter × Kraftfluß aller Polpaare.

Der in den Ständer fließende mehrphasige Netzstrom I erzeugt in der Ständerwicklung Dreh-AW, die proportional $\left(\frac{IZ}{a}\right)$ sind und synchron mit dem Polrad, also synchron mit dem gesamten Kraftfluß $p\Phi$ kreisen. Gl. (38 b) läßt sich deshalb in Worten folgendermaßen fassen:

Nutzbares Drehmoment = Konstante × nutzbare Ständer Dreh-AW × gesamter Kraftfluß aller Polpaare.

Die Ständer-AW ziehen gleichsam das Feldrad mit.

Der Synchronmotor läßt sich nur bis zu einem bestimmten größten Drehmoment M_m überlasten, dann kippt er, bleibt stehen und nimmt den sogenannten Kurzschlußstrom I_k auf. Dieses Kippmoment M_m ist um so größer, je stärker der Motor erregt ist, je größer also der Erregerstrom I_e ist. Ist M_v das Vollastdrehmoment, das beim Vollaststrom I_v und $\cos\varphi = 1$ auftritt, so ist die Überlastungsfähigkeit $U = \frac{M_m}{M_v}$, die mit wachsender Erregung ansteigt.

Für die höchstmögliche Nutzleistung P_{n_m}, die überhaupt erreichbar ist, läßt sich der Ausdruck

$$P_{n_m} = \frac{mE^2}{4R} \tag{39}$$

entwickeln, wenn R der Ohmsche Widerstand einer Phase der Ständerwicklung ist.

Der Synchronmotor mit ausgeprägten Feldpolen entwickelt auch bei abgeschalteter Erregung ein — wenn auch mäßiges — synchrones Drehmoment M. Den dazu erforderlichen Kraftfluß Φ schafft der reaktive (wattlose), vom Netz kommende Strom $I \sin\varphi$ durch Ankerrückwirkung. Ist das Feldrad eine Walze von gleichem magnetischen Widerstand in allen radialen Richtungen, so tritt ein solches Drehmoment nicht auf.

B. Betriebseigenschaften. Betriebskurven.

Die Größe des Phasenwinkels φ zwischen Strom I und Spannung E hängt einmal vom Drehmoment M, aber in besonderem Maße vom Erregerstrom I ab. In Fig. 21 ist jeweils für konstantes Drehmoment M, also konstante Nutzleistung P_n der Verlauf des aufgenommenen Ständerstromes I in Abhängigkeit des Erregerstromes I für Leerlauf, für das Vollastdrehmoment und für das doppelte Vollastdrehmoment, darunter der zugehörige Verlauf des Leistungsfaktors $\cos\varphi$ aufgezeichnet. Links von der Grenzlinie $\cos\varphi = 1$ eilt der Strom I der Spannung E nach, rechts eilt er ihr vor. Bei schwacher Erregung wirkt der Synchronmotor also induktiv wie eine Reaktanz, wie eine Drosselspule, bei starker Erregung wie eine Kapazität, wie ein Kondensator. Der Synchronmotor hat also die höchst wertvolle Eigenschaft, daß er gleichzeitig als Phasenregler dienen und den $\cos\varphi$ eines Netzes auf $\cos\varphi = 1$ bringen kann.

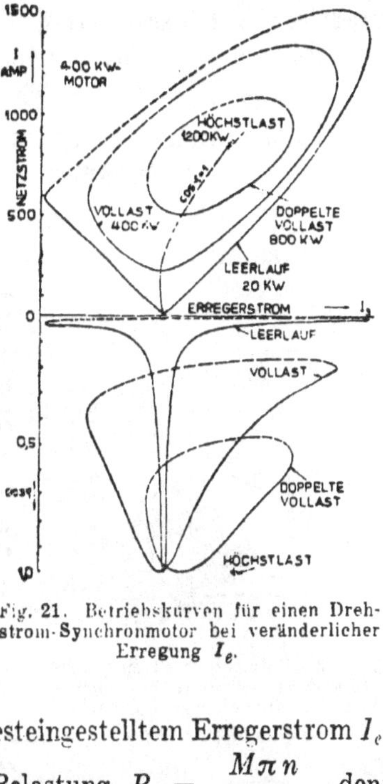

Fig. 21. Betriebskurven für einen Drehstrom-Synchronmotor bei veränderlicher Erregung I_e.

Die Betriebskurven bei festeingestelltem Erregerstrom I_e zeigen bei veränderlicher Belastung $P_n = \frac{M\pi n}{0{,}102 \cdot 30}$ den Verlauf nach Fig. 22, in dem der vom Netz entnommene Strom I, der Leitungsfaktor $\cos\varphi$ und der Wirkungsgrad $\eta = \frac{P_n}{P}$ je bei konstanter Klemmenspannung E, konstanter Frequenz f und deshalb konstanter Drehzahl n aufgetragen sind. Die Trennlinie zwischen Phasen-Vor- und Nacheilung verschiebt sich mit der Größe des eingestellten Erregerstromes I_e, der voreilende Teil kann bei schwacher Erregung auch ganz verschwinden. Die labilen Kurvenäste, die praktisch nicht ausgenützt werden, sind in den Fig. 21 und 22 und auch sonst immer gestrichelt gezeichnet.

C. Umsteuern. Anlassen und Regeln. Pendelerscheinungen. Bremsen.

Die Umkehr des Drehsinnes eines Synchronmotors erfolgt dadurch, daß man die Drehrichtung der das Drehmoment M bildenden Ständer-Dreh-AW umkehrt. Bei Dreiphasenmotoren hat man einfach zwei beliebige der drei Zuleitungsdrähte zu kreuzen, wie das vermittels des Umschalters *Um* (Fig. 24) geschehen kann; die dritte Leitung läuft unverändert durch. Für Zweiphasenmotoren sind zwei Drähte derselben Phase zu kreuzen; die Verkettung einer Zweiphasenwicklung ist zu diesem Zweck aufzulösen. Als eigentlicher Umsteuermotor ist der Synchronmotor wegen der Anlaßschwierigkeiten nicht verwendbar.

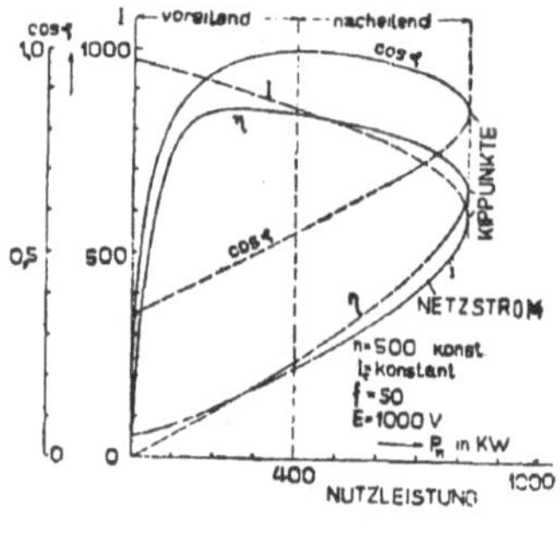

Fig. 22. Betriebskurven eines Drehstrom-Synchronmotors in Abhängigkeit der Nutzleistung P_n bei konstantem Erregerstrom I_e.

Das in Gl. (38b) festgestellte Drehmoment M wirkt ausschließlich bei synchroner Drehzahl $n = \frac{60\,f}{p}$, auf die der Synchronmotor mit fremder Hilfe gebracht werden muß:

a) **Asynchroner Anlauf.** Am nächstliegenden und praktisch am üblichsten ist es, den Synchronmotor als asynchronen Induktionsmotor anzulassen. Sobald an den Ständer bei unerregtem Feld eine mehrphasige Spannung gelegt wird, induzieren die früher erwähnten Ständer-Dreh-AW und der ihnen proportionale Kraftfluß in den Polschuhen, besonders wenn sie massiv sind, (sekundäre) Wirbelströme, die zusammen mit dem primären Drehfluß ein mehr oder minder starkes asynchrones Drehmoment entwickeln; siehe unter IV A. Wesentlich günstiger wird der Anlauf, wenn man in die Polschuhe, die in diesem Fall meist geblättert sind, eine Mehrphasenwicklung, am einfachsten einen richtigen Käfiganker (Fig. 23) genau wie bei den asynchronen Kurzschlußmotoren einbaut. Immerhin ist auch dann der Anlaufstrom, der gleich dem Kurzschlußstrom I_k ist, bei voller Klemmenspannung E noch vielmals größer als der Vollaststrom. Man fährt deshalb mit einer am Motor auf $\frac{E}{2}$ bis $\frac{E}{4}$ verminderten Klemmenspannung an, indem man zwischen Netz und Motor einen Anlaßtransformator in Sparschaltung legt (Fig. 23). Ist die Anlaufspannung $\frac{E}{x}$, so nimmt der Motor bei Anlauf statt I_k nur den Strom $\frac{I_k}{x}$ auf und das Netz hat den Strom

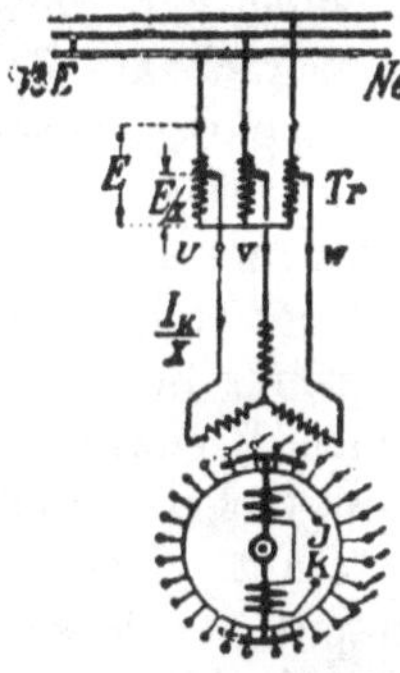

Fig. 23. Schaltplan eines Drehstrom-Synchronmotors mit Anlaßtransformator und Käfiganker.

$$I = \frac{I_k}{x} \frac{\frac{E}{x}}{E} = \frac{I_k}{x^2} \tag{40}$$

zu liefern. Dieser Strom ist allerdings größtenteils reaktiv (wattlos) und das erzeugte Anzugsdrehmoment ist gering, so daß der Synchronmotor unbedingt schwach belastet anzulaufen hat. Nötigenfalls ist zwischen Motor und Antrieb eine ausrückbare Kupplung oder eine selbsttätige Fliehkraftkupplung zu schalten, die erst in der Nähe der synchronen Drehzahl eingerückt wird.

Das asynchrone Anlauf-Drehmoment wächst in der Regel mit steigender Drehzahl bis zu einem vor dem Synchronismus liegenden Höchstwert. In der Nähe der synchronen Drehzahl wird auf volle Klemmenspannung am Motor geschaltet und der Anlaßtransformator *Tr* (Fig. 23) abgetrennt. Der Synchronmotor mit ausgeprägten Polen schnappt meist schon unerregt in die streng synchrone Drehzahl ein, während dies beim vollen Walzenrotor erst beim Einschalten des Erregerstromes I_e, der allmählich von Null anzuwachsen hat, der Fall ist.

Der Anlauf läßt sich dadurch noch wesentlich verbessern, daß man in den Läufer einen mehrphasigen Schleifringanker, der auf einen Anlasser arbeitet, einbaut oder dadurch, daß man den Läufer als ein- oder mehrphasigen Kommutatoranker ausbildet, was aber sehr verwickelt ist.

Das von den Ständerströmen I hervorgerufene Drehfeld induziert bei Stillstand und geringer Drehzahl des Motors in den Erregerspulen meist lebensgefährlich hohe Spannungen, die auch die Isolation gefährden können.

b) Die Stromentnahme aus dem Netz läßt sich gegenüber dem oben beschriebenen Verfahren durch Verwendung eines **Anwurfmotors** wesentlich herabsetzen. Dieser vom Netz gespeiste asynchrone Kurzschluß- oder Schleifringankermotor kann den Synchronmotor unmittelbar oder mit Riemen antreiben und muß für etwa 5 Minuten 10–20% der Hauptmotorleistung abgeben können. Die Drehstromseite des Hauptmotors wird in der Regel erst eingeschaltet, wenn nach den anderwärts beschriebenen Verfahren des Parallelschaltens genau synchronisiert ist. Bei unmittelbarer Kupplung des Anwurfmotors muß deshalb seine Polzahl kleiner sein als die des Hauptmotors. In vielen Fällen kann jedoch der Synchronmotor in der Nähe der synchronen Drehzahl ohne weiteres oder über eine Schutzdrosselspule unerregt an das Drehstromnetz geschaltet und darauf erregt werden; dann kann der Anwurfmotor die gleiche Polzahl wie der Hauptmotor haben. Wenn die Primärwicklung des asynchronen Anwurfmotors mit der Ständerwicklung des Hauptmotors in Reihe geschaltet am Drehstromnetz liegt, so braucht man in der Nähe der synchronen Drehzahl nur den Anwurfmotor primär kurzzuschließen und dann den Synchronmotor allmählich zu erregen. Wird der asynchrone Anwurfmotor so ausgeführt, daß er als Synchronmotor geschaltet und synchronisiert werden kann, so läßt sich die Drehstromseite des Hauptmotors ebenfalls ohne besondere Hilfsvorrichtungen ans Netz legen, wenn Anwurf- und Hauptmotor richtig auf die gemeinsame Welle gekeilt sind. Hin und wieder kommen als Anwurfmotor Kommutatormotoren oder die von einer Gleichstromquelle gespeiste Erregermaschine in Frage. Schließlich ist es möglich, eine Wärme- oder Wasserkraftmaschine zur Inbetriebsetzung des Synchronmotors heranzuziehen.

Arbeitet ein Synchrongenerator ausschließlich auf einen Synchromotor, so läßt man beide kräftig erregt miteinander ohne Hilfsvorrichtung anlaufen.

Zur Verbesserung des Anlaufes des Synchronmotors wird in die Polschuhe des Polrades eine richtige Phasenwicklung gelegt, die mit 3 Schleifringen auf einen Anlaßwiderstand geschaltet wird, so daß insgesamt 5 Schleifringe vorhanden sind. Der synchronisierte Asynchronmotor ist wie ein Induktionsmotor mit Schleifringanker gebaut; nach erfolgtem Anlauf wird durch zwei Schleifringe Gleichstrom zugeführt. Die General Electric Co. N. Y. ordnet den Stator des Synchronmotors Fig. 23 drehbar an: Beim Anlauf bleibt der Rotor zunächst stehen und der Stator kommt auf synchrone Drehzahl, worauf man ihn festbremst und der Rotor hochläuft.

Eine irgendwie einfache elektrische Geschwindigkeitsregelung für den Synchronmotor gibt es nicht. Da $n = \frac{60 f}{p}$ ist, so ist eine Geschwindigkeitsänderung nur durch eine Änderung der Polzahl im Ständer und Läufer oder durch Speisung des Motors mit Strömen von veränderlicher Frequenz f möglich.

Die Drehgeschwindigkeit von Synchronmotoren weist unter Umständen ähnliche Pendelerscheinungen auf wie die von Synchrongeneratoren. Als Kraftspeicher, zwischen denen die Schwingungsenergie hin- und herwogt, wirken einerseits die gegenüber der Grundgeschwindigkeit vor- und nacheilenden Läufermassen und andererseits die zu den elektrischen Stromkreisen gehörigen magnetischen (Streu-) Felder. Die Pendelungen können von außen durch die ungleichförmige Bewegung der stromliefernden Generatoren oder durch den Ungleichförmigkeitsgrad der vom Motor betriebenen Arbeitsmaschinen aufgedrückt werden. Es sind aber auch freie selbsterregte Eigenschwingungen möglich, die durch Belastungsstöße eingeleitet und durch die aufgedrückten Schwingungen verstärkt werden können. In der Nähe der Resonanz zwischen beiden Schwingungen oder wenn die selbsterregten Schwingungen nicht genügend gedämpft werden oder wenn die Dämpfung infolge großen Ohmschen Widerstandes R des Ständerstromkreises gar negativ ist, nehmen die Pendelungen mit der Zeit zu, bis der Motor kippt und außer Tritt fällt. Durch geeignete Wahl des Trägheitsmomentes, des Kurzschlußstromes, also der Reaktanz, der Ohmschen Widerstände im Ständerstromkreis und schließlich durch Anbringung einer kräftigen Dämpferwicklung in Form eines Käfigankers (Fig. 23) mit kleinem Ohmschen Widerstand und kleiner Streuung lassen sich die Pendelerscheinungen vermeiden oder auf ein zulässiges Maß herabsetzen.

Der Synchronmotor kann natürlich bei unveränderter Drehzahl nutzbar Energie ins Netz schicken oder auf Widerstände arbeiten und so als Nutz- oder Kurzschluß-Bremse wirken. Die Gegenstromschaltung hat für den Synchronmotor keinen Sinn; bei riesiger Stromaufnahme würde kein nennenswertes Drehmoment auftreten.

IV. Der asynchrone Induktionsmotor.

A. Wirkungsweise. Mechanischer Aufbau. Leistung. Drehmoment. Drehzahl.

Dem primären Teil des Asynchronmotors, also heute in der Regel dem Ständer, fließen die Ströme I vom Netz mit der Klemmenspannung E pro Phase zu. Der induzierte

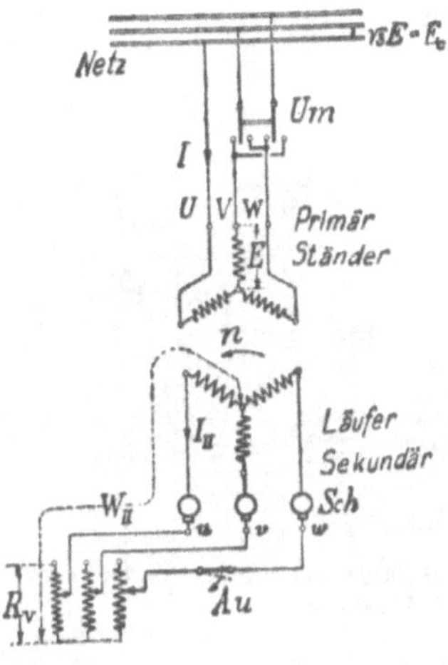

Fig. 24. Drehstrom-Asynchronmotor mit Schleifringanker.

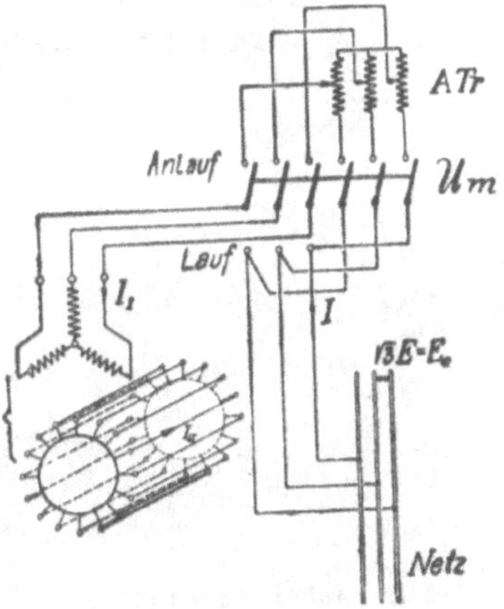

Fig. 25. Drehstrom-Asynchronmotor mit Käfiganker und Anlaßtransformator.

sekundäre Teil, das ist in der Regel der Läufer, wird entweder als Schleifringanker (Fig. 24) oder als Kurzschlußanker (Käfiganker) nach Fig. 25 ausgebildet. Den konstruktiven Aufbau eines kleinen Motors mit Kurzschlußanker von etwa 0,5 kW Leistung, 120 Volt und $n = 1400$ Uml/min, wie er von Brown, Boveri & Co. A.-G. gebaut wird, ersieht man aus der Fig. 26. Demgegenüber gibt die Fig. 27 einen Motor mit Schleifringanker von etwa

220 kW, 5000 V und $n = 1480$ Uml/min der A. E. G. nach E. T. Z. 1907, S. 739. Heute werden vielfach Rollenlager verwendet.

Die primären Mehrphasenströme I von der Netz-Frequenz f erzeugen in der Primärwicklung Dreh-AW, die ein mit derselben Frequenz f über der Sekundärwicklung kreisendes Drehfeld schaffen. Das Drehfeld induziert in jeder Phase der Sekundärwicklung eine *EMK* E_{II}, die wiederum einen Strom

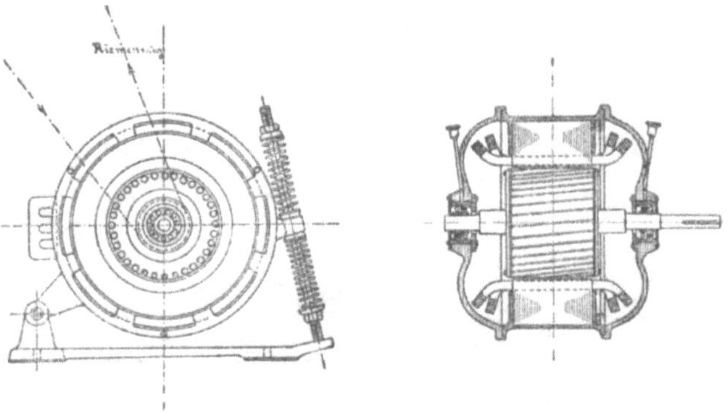

Fig. 26. Aufbau eines Drehstrom-Webstuhlmotors mit Käfiganker und Riemenwippe (Brown, Boveri & Co. A.-G.).

$$I_{II} = E_{II} : W_{II} \tag{41}$$

hervorbringt, wenn W_{II} die Impedanz (der Scheinwiderstand) einer Sekundärphase ist. Macht der Läufer n Uml/min, so entspricht das einer Drehungsfrequenz $f_r = \frac{np}{60}$ des $2p$-poligen Motors. Das resultierende Drehfeld Φ, das von den primären und sekundären Strömen I und I_{II} erzeugt wird, schneidet dann die sekundäre Wicklung mit dem Schlupf oder der Schlüpfung (Schlüpfungsfrequenz) $f_s = f - f_r$. Die in jeder Phase der sekundären Wicklung induzierte *EMK* E_{II} ist

$$E_{II} = k_{II} \cdot f_s \cdot \frac{Z_{II}}{a_{II}\, m_{II}}\, \Phi \cdot 10^{-8}, \tag{42}$$

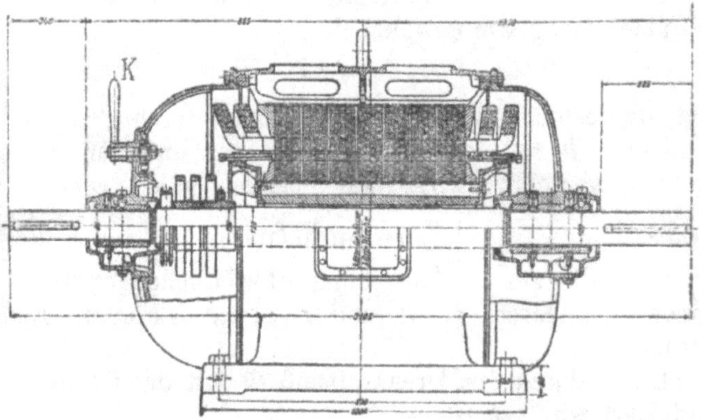

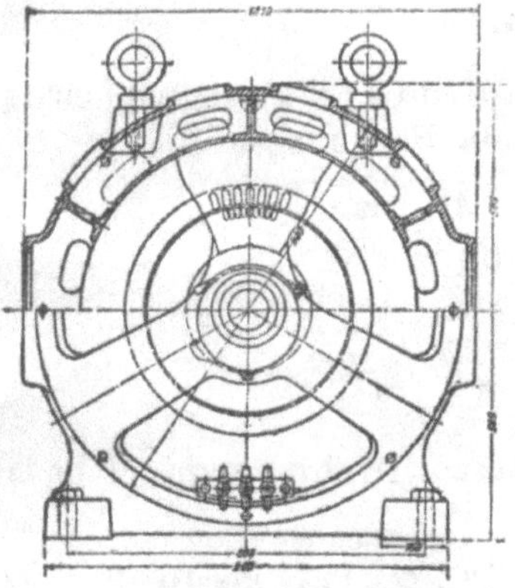

Fig. 27. Aufbau eines Drehstrom-Asynchronmotors mit Schleifringanker (A. E. G.).

wenn Z_{II} die gesamte Leiterzahl der sekundären Wicklung, die pro Phase a_{II} parallele Zweige hat, m_{II} (= 3) die sekundäre Phasenzahl und k_{II} die sekundäre *EMK*-Ziffer ist. Für dreiphasige Schleifringanker ist meist $k_{II} = \sim 2{,}1$, für Kurzschlußanker $k_{II} = \sim 2{,}2$.

Hat die Primärwicklung m (= 3) Phasen, so ist die dem Motor zugeführte Leistung

$$P = m\, E\, I \cos\varphi /_{m=3} = 3\, E\, I \cos\varphi, \tag{43}$$

wenn $\sphericalangle \varphi = \sphericalangle (E, I)$ ist. Für die verketteten Werte gelten wieder die Ausdrücke (35 b und c).

Setzt man den Wirkungsgrad $= \eta$, so ist die abgegebene Nutzleistung wie gewöhnlich

$$P_n = \eta P.$$

Da die primär zugeführte Leistung durch den Drehkraftfluß Φ auf den Läufer übertragen und von diesem nutzbar abgegeben wird, kann man angenähert schreiben:

$$P_n = m_{II} E_r I_{IIn}, \tag{43 a}$$

wenn E_r die zur Läuferdrehung erforderliche Gegen-*EMK* einer sekundären Phase und I_{IIn} der sekundäre Nutzstrom ist.

Da E_r durch den Drehkraftfluß Φ mit der Frequenz f_r induziert wird, so ist

$$E_r = k_{II} f_r \frac{Z_{II}}{a_{II} m_{II}} \Phi \cdot 10^{-8}. \tag{44}$$

Setzen wir diesen Wert von E_r in Gl. (43 a) ein und benutzen wir außerdem die bekannten Beziehungen

$$P_n = \frac{M}{0{,}102} \cdot \frac{\pi n}{30}$$

und

$$n = \frac{60 f_r}{p},$$

so ergibt sich für das nutzbare **Drehmoment** M in mkg der Ausdruck

$$M = 1{,}62 k_{II} \left(\frac{I_{IIn}}{a_{II}} \cdot Z_{II}\right) (p \Phi) 10^{-10}. \tag{45}$$

Ist I_{II} der gesamte Sekundärstrom einer Phase, $\sphericalangle \varphi_{II} = \sphericalangle (E_r, I_{II}) = \sphericalangle (E_{II}, I_{II})$, der Winkel zwischen *EMK* und Strom einer Sekundärphase und ist schließlich $I_r = \frac{P_r + P_{fr}}{m_{II} E_r}$ ein Strom zur Deckung der Lager- und Luftreibung P_r und der bei der Drehung entstehenden Eisenverluste P_{fr} im Läufer, so gilt

$$I_{IIn} = I_{II} \cos \varphi_{II} - I_r$$

oder

$$I_{IIn} = I_{II} \sin \psi - I \, ,$$

wenn $\sphericalangle \psi = \sphericalangle (\Phi, I_{II})$ der Winkel zwischen Kraftfluß Φ und Sekundärstrom I_{II} ist.

In Worten sagt die Gl. (45):

Drehmoment = Konstante × nutzbare sekundäre Ampereleiterzahl × Kraftfluß aller Polpaare, soweit er die Sekundärwicklung durchsetzt.

Benützt man die Beziehungen (41) und (42), so folgt aus (45)

$$M = C_1 \frac{E_{II}^2}{R_{II} f_s} = C_2 \frac{\Phi^2}{R_{II}} f_s. \tag{45 a}$$

Dabei ist R_{II} der sekundäre Ohmsche Widerstand einer Phase; I_r und die sekundäre Reaktanz sind vernachlässigt.

Die primäre *EMK* E_I einer Phase ist

$$E_I = \overline{E - I W} = k_I f \frac{Z}{a_I m} \Phi 10^{-8}, \tag{46}$$

wenn W_I die primäre Impedanz ist und der Strich über E und I die vektorielle Subtraktion im Gegensatz zur algebraischen andeutet. Z sind die gesamten primären Leiter in a_I parallelen Zweigen. Mit Gl. (46) folgt aus Gl. (45 a)

$$M = C \frac{\{\overline{E} - \overline{I W_{\mathrm{I}}}\}^2}{R_{\mathrm{II}}} f_s. \tag{45b}$$

C_1, C_2 und C sind für den fertigen Motor konstante Zahlen. Das Drehmoment M wächst also nach Gl. (45 b) innerhalb gewisser Grenzen etwa mit dem Quadrat der Klemmenspannung E am Motor und etwa proportional mit der Schlüpfung f_s. Bei einer bestimmten Schlüpfung f_{sk}, die mit wachsendem Sekundärwiderstand R_{II} wächst, erreicht das Drehmoment M einen Höchstwert M_m; dann kippt der Motor und bleibt stehen. Das Anzugsmoment M_a ist in der Regel kleiner als M_m. Ist M_v das Vollastdrehmoment, so heißt das Verhältnis

$$U = \frac{M_m}{M_v}$$

die Überlastungsfähigkeit.

Das Drehmoment wird vielfach in sogenannten Synchronwatt ausgedrückt, das ist der Wert

$$M \left(\frac{\pi n_0}{30} \cdot 9{,}81\right),$$

also ein konstantes Vielfaches von M.

Die Drehzahl

$$n_0 = \frac{60 f}{p} \tag{47}$$

ist die synchrone Geschwindigkeit, die sich nur bei völligem Leerlauf einstellt.

$$\nu = \frac{n_0 - n}{n_0} = \frac{f_s}{f}$$

ist der relative Schlupf, der meist in Hundertteilen $100\,\nu$ ausgedrückt wird.

Für die beliebige Drehzahl n sind folgende Beziehungen maßgebend:

$$n = \frac{60\,(f - f_s)}{p}, \tag{47 a}$$

wobei die Schlüpfung näherungsweise aus (45 b) mit

$$f_s = c\,\frac{M R_{II}}{\{\bar{E} - \bar{I}\,\overline{W}_I\}^2} \tag{48}$$

folgt, wenn c beim fertigen Motor eine konstante Zahl ist.

Will man den Fall einschließen, daß von außen jeder Läuferphase eine f_s-periodische Spannung $\pm E_b$ aufgedrückt wird, so ist an Stelle von (41) zu schreiben

$$I_{II} = (E_{II} \pm E_b) : W_{II},$$

wenn man E_b in Phase mit E_{II} annimmt. Dann ergibt sich für die Schlüpfung

$$f_s = \frac{c M R_{II}}{\{\bar{E} - \bar{I}\,\overline{W}_I\}^2} \mp \frac{c' E_b}{(\bar{E} - \bar{I}\,\overline{W}_I)}. \tag{48 a}$$

c' ist wieder eine Konstante. Die Schlüpfung wächst also innerhalb gewisser Grenzen mit wachsendem Drehmoment M, mit wachsendem Sekundärwiderstand R_{II} und mit abnehmender Klemmenspannung E; sie läßt sich aber auch durch eine aufgedrückte Spannung E_b ändern.

Die Abhängigkeit der Schlüpfung vom Läuferwiderstand R_{II} läßt sich leicht genau aus (42), (44), (41) und (43 a) bestimmen; es ist nämlich die relative Schlüpfung

$$\nu = \frac{f_s}{f} = \frac{E_{II}}{E_r + E_{II}} = \frac{m_{II}\, I_{II}^2 R_{II}}{P_{II} + m_{II}\, I_{II}^2 R_{II}}, \tag{49}$$

wenn $P_{II} + m_{II}\, I_{II}^2 R_{II}$ die durch den Luftspalt auf den Läufer übertragene Leistung, die Luftspaltleistung, ist; angenähert ist $P_{II} = \sim P_n$. Die relative Schlüpfung ν ist gleich dem Verhältnis Rotorkupferverlust zu totaler Rotorleistung.

Der Drehstrommotor läßt sich bei gegebener Frequenz f nur für ganz bestimmte Drehzahlen, die durch Gl. (47) und (47 a) gegeben sind, bauen. Die möglichen Leerlaufdrehzahlen n_0 bleiben bei $f = 50$ Per/s auf 3000, 1500, 1000, 750, 600...Uml/min beschränkt. Bei Vollast sind sie um 2 ÷ 5 % kleiner.

B. Betriebseigenschaften. Betriebskurven. Oberwellen.

Das Verhalten der asynchronen Induktionsmaschine im ganzen Betriebsbereich als Motor und Generator geht am deutlichsten aus den Betriebskurven Fig. 28 hervor. Es ist in Abhängigkeit des mechanischen Drehmomentes M die minutliche Drehzahl n, der primäre Netzstrom I, die mechanische Leistung P_n, der Leistungsfaktor $\cos\varphi$ und der Wirkungsgrad η aufgetragen. Im Motorbereich sinkt die Drehzahl n vom Leerlauf ($M = 0$) bis zum Vollastdrehmoment M_v nur wenig. Der Asynchronmotor arbeitet also wie der Gleichstrom-Nebenschlußmotor bei allen Belastungen mit praktisch gleichbleibender Geschwindigkeit. Wird das höchstzulässige Drehmoment M_m überschritten, so kippt der Motor und alle rückwärts laufenden Kurvenäste über der Strecke $b\,a$ bezeichnen einen labilen Betriebszustand. $M_a = O\,a$ ist das Anlaufmoment. Die zu dem von a gegen O verlaufenden Stück $a\,O$ gehörigen Kurvenstücke bezeichnen die Betriebsweise, wenn die Asynchronmaschine als Generator mit negativer Drehzahl, also rückwärts angetrieben wird und somit als Gegenstrombremse wirkt. Schließlich arbeitet auf den zu den negativen Drehmomenten ($-M$) gehörigen Kurvenästen die Maschine als übersynchroner Generator oder als Nutzbremse bei Geschwindigkeiten die durchwegs über der synchronen Drehzahl n_0 liegen. In diesem übersynchronen Bereich tritt wieder ein Kipp-

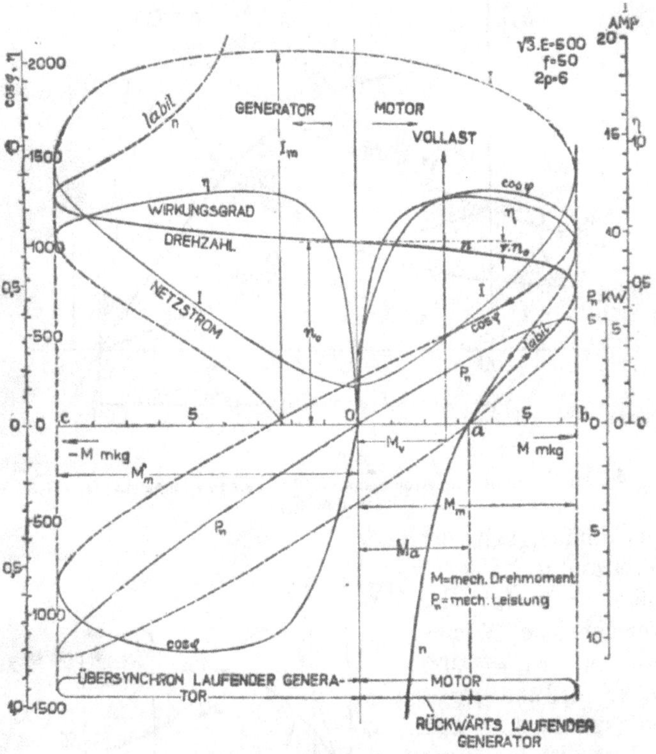

Fig. 28. Betriebskurven einer mehrphasigen asynchronen Induktionsmaschine.

moment M'_m auf und daran schließt sich wieder ein labiler Betriebsast.

Durch Veränderung des sekundären Widerstandes R_{II} oder W_{II} (Fig. 24) läßt sich der Verlauf der Betriebskurvenschar ganz wesentlich beeinflussen. In Fig. 29 ist

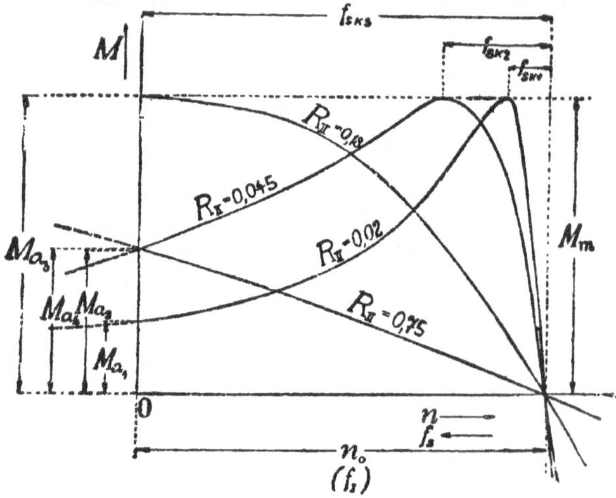

Fig. 29. Verlauf des Drehmomentes bei verschiedenen Läuferwiderständen R_{II}.

in Abhängigkeit der Drehzahl n das Drehmoment M für vier verschiedene Widerstände $R_{II} = 0{,}02$; 0,045; 0,18 und 0,75 Ω aufgezeichnet. Das größte Drehmoment M_m bleibt immer dasselbe, dagegen ist das Anzugsmoment M_{a_1} bis M_{a_4} sehr stark vom Widerstand R_{II} abhängig. Diese Abhängigkeit des Anzugsmomentes vom

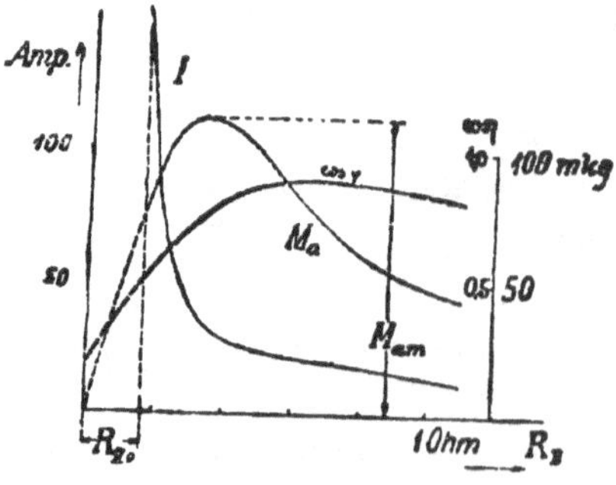

Fig. 30. Anlaufsverhältnisse bei veränderlichem Läuferwiderstand R_{II}.

Widerstand R_{II} ist in Fig. 30 noch gesondert zur Darstellung gebracht. R_{II_0} ist der Widerstand einer Phase der Sekundärwicklung selbst. In dasselbe Bild ist der vom Netz zugeführte Strom I und der Leistungsfaktor $\cos\varphi$ eingezeichnet.

Namentlich an Kurzschlußankermotoren beobachtet man hin und wieder die unregelmäßigen Drehzahl-Drehmomentenkurven nach Fig. 31, deren Verlauf daher rührt,

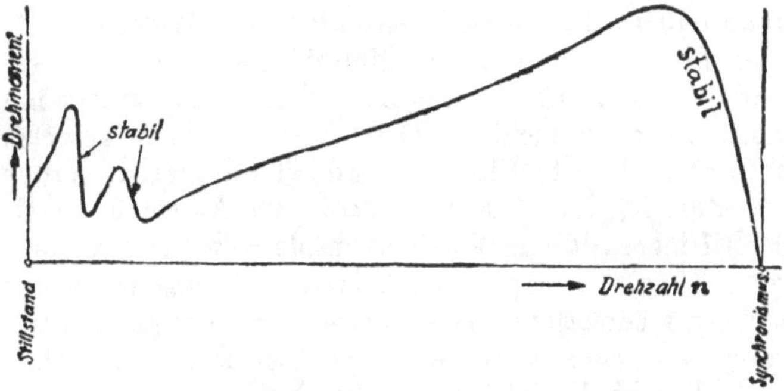

Fig. 31. Drehmomentenverlauf bei Oberwellen im Feldverlauf.

daß der Kraftfluß Φ Oberwellen hat, d. h. räumlich nicht sinusförmig verläuft. Der Motor verhält sich dann so, als ob er nicht nur die grundlegende Polzahl $2p$, sondern außerdem noch $6p$ oder $10p$ oder eine andere Zahl Pole hätte. Diese Erscheinung heißt man Haken (Schleichen), das allerdings auch noch durch den Einfluß von Nutöffnungen auf den Kraftfluß Φ hervorgerufen werden kann.

C. Umsteuern. Anlassen.

Die Umkehr des Drehsinnes erfolgt wie beim Synchronmotor durch Kreuzen zweier Netzzuleitungen durch den Umschalter *Um* (Fig. 24); bei Zweiphasenmotoren müssen die gekreuzten Leitungen zu **einer** und derselben Phase gehören.

1. Wenn auch die Induktivität der Wicklungen bei Wechselstrom stromdämpfend wirkt, so ist es im allgemeinen doch wegen des großen Stromstoßes nicht zulässig, Asynchronmotoren ohne weiteres an die volle Netzspannung zu legen. Da nach Gl. (45 b) das Anzugsmoment M_a bei einer Verminderung der Klemmenspannung E, mag sie nun unmittelbar oder durch Vorschalten von Widerstand W_{I} oder R_{I} vor die primären Motorklemmen erfolgen, sehr stark herabgedrückt wird, so sind primäre Anlaßwiderstände möglichst zu vermeiden. Das übliche Anlassen geschieht nach Fig. 24 mit Hilfe von induktionsfreien Widerständen R_v im Sekundärkreis im Anschluß an die Schleifringe S, da einer Verringerung des Sekundärstromes I_{II} von selbst eine etwa proportionale Herabsetzung des Primärstromes I entspricht. Die Kurvenfigur 30 zeigt, daß man durch geeignete Wahl des Widerstandes R_{II} der sekundären Phasen das höchstmögliche Drehmoment M_m beim Anlauf einstellen kann. Ist die normale nutzbare Vollast-Leistung des Motors $= P_v$ in Watt und soll er mit dem $\alpha\,(= 1 \div 2)$ fachen des Vollastdrehmomentes anlaufen, so bestimmt man den erforderlichen gesamten Anlaßwiderstand R_v einer Phase in folgender Weise:

Bei Stillstand ist

$$E_{\mathrm{II}0} = k_{\mathrm{II}} f \frac{Z_{\mathrm{II}}}{a_{\mathrm{II}} m_{\mathrm{II}}} \Phi\, 10^{-8} = \sim E \frac{Z_{\mathrm{II}}}{Z_{\mathrm{I}}} \frac{a_{\mathrm{I}} m_{\mathrm{I}}}{a_{\mathrm{II}} m_{\mathrm{II}}} \qquad (50)$$

und

$$m_{\mathrm{II}} I_{\mathrm{II}} E_{\mathrm{II}0} = \alpha P_v .$$

Da

$$I_{\mathrm{II}} W_{\mathrm{II}} = \sim I_{\mathrm{II}} (R_v + R_{\mathrm{II}0}) = E_{\mathrm{II}0} ,$$

so wird

$$m_{II}\frac{E_{II0}^2}{R_v + R_{II0}} = a P_v$$

oder

$$R_v = \frac{m_{II} E_{II0}^2}{\alpha P_v} - R_{II0}. \tag{51}$$

2. Die **Abstufung** des Widerstandes zwischen $R_v + R_{II0} = R_1$ und dem Läuferwiderstand $R_{II0} = R_x$ erfolgt am besten wie bei Gleichstrommotoren nach einer **geometrischen Reihe**. Sind die Gesamtwiderstände auf den ν Stufen einer Phase $R_1, R, \cdots R_x$, so gilt

$$\frac{R_1}{R_2} = \frac{R_2}{R_3} = \cdots \frac{R_{x-1}}{R_x} = \lambda \tag{52}$$

und

$$\frac{R_v + R_{II0}}{R_{II0}} = \frac{R_1}{R_x} = \lambda^{x-1}$$

oder die **Stufenzahl** x sei

$$x = 1 + \frac{\log \varepsilon}{\log \lambda}. \tag{53}$$

Dabei ist $\varepsilon = \frac{R_v + R_{II0}}{R_{II0}}$ und $\lambda = \frac{I_{II\,max}}{I_{II\,min}}$, wenn $I_{II\,max} = \frac{E_{II0}}{R_v + R_{II0}}$ der größte Sekundärstrom und $I_{II\,min} = \frac{I_{II\,max}}{\lambda}$ der kleinste Sekundärstrom beim Anlassen, $\lambda = 1{,}3 \div 2{,}0$ also die Stromschwankung während der Anlaufszeit ist.

Da für jede Phase x Stufen erforderlich sind, so ist bei $m_{II} = 3$ die gesamte Stufenzahl $= 3\,x$, also sehr groß. Das hat dazu geführt, daß für Drehstrommotoren verhältnismäßig häufig die stufenlosen Flüssigkeitsanlasser (Fig. 36) Anwendung finden. Vereinzelt wird zur Verminderung der Stufenzahl auf $2x$ der Läufer zweiphasig ($m_{II} = 2$) gewickelt, wodurch aber der Leistungsfaktor und das höchste Drehmoment M_m gegenüber einer dreiphasigen Läuferwicklung herabgesetzt werden. Eine Ver-

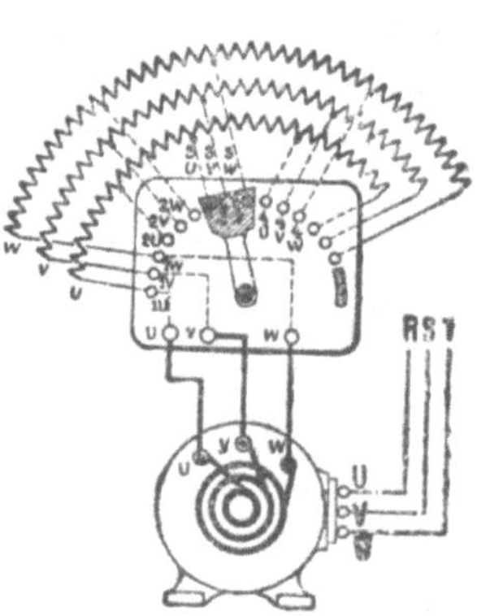

Fig. 32. Dreiphasiger Anlasser der SSW., Abschaltung der Phasen nacheinander.

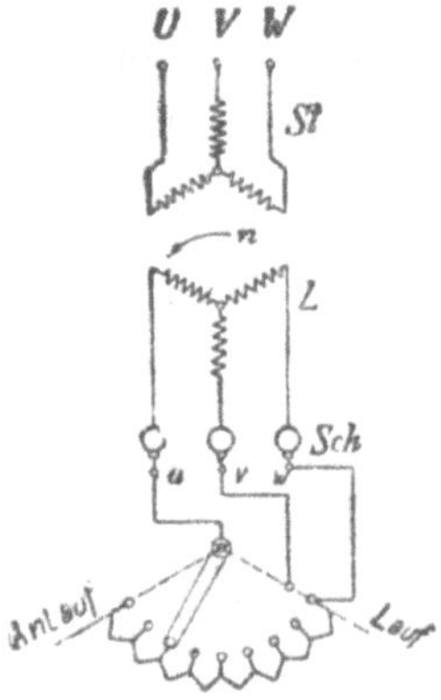

Fig. 33. Vereinfachter Drehstromanlasser (nach Niethammer).

ringerung der gesamten Stufenzahl auf x, also auf $\frac{x}{3}$ in einer Phase, ist bei dreiphasigem Läufer dann möglich, wenn die Widerstandsstufen in den drei Phasen nicht gleichzeitig, sondern abwechselnd abgeschaltet werden; der Anlasser hat dann nach Fig. 32 der SSW fast die Einfachheit eines Gleichstromanlassers. Die in E.T.Z. 1899, S. 66 angegebene einfache Niethammer-Schaltung (Fig. 33) hat sich für Anlasser von nicht zu großen Motoren vielfach bewährt.

3. Ein vollständig stufenloses Anlassen ist in dem Impedanzanlasser angestrebt worden. Parallel zu jedem der induktionsfreien Widerstände R_v in Fig. 24 wird eine Drosselspule von hoher Selbstinduktivität L geschaltet. Bei Stillstand fließt der f-periodische Strom I_{II} größtenteils durch R_v und es entsteht ein kräftiges Anzugsmoment, während bei voller Drehzahl die langsam schwingenden f_s-periodischen Ströme I_{II} größtenteils durch L verlaufen. Durch die Selbstinduktivität L wird aber das Verhalten des Motors so stark verschlechtert, daß L nach dem Anlauf immer kurzgeschlossen werden muß.

Statt zur Drosselspule einen induktionsfreien Widerstand R_v parallel zu schalten, kann man R_v weglassen und die Spule L mit einem Eisenkern versehen, der massiv ist oder aus dicken Blechen besteht, so daß große Wirbelströme im Eisen entstehen.

4. Kurzschlußankermotoren bis etwa 2 oder 3 kW legt man ohne weiteres mit einem dreipoligen Schalter ans Netz. Bei größeren Leistungen muß aber zur Vermeidung des großen Stromstoßes die Motorspannung bei Anlauf entsprechend herabgesetzt werden, da eine den Anlaßstrom genügend vermindernde, dauernde Erhöhung des Läuferwiderstandes R_{II} wegen der damit verknüpften unzulässigen Verschlechterung des Wirkungsgrades und der Erwärmung nicht angängig ist. Das beste Anlaßverfahren für Kurzschlußankermotoren, das für größere Leistungen allgemein üblich ist, besteht in der Verwendung eines Anlaßtransformators ATr, der in der Regel nach Fig. 25 in Sparschaltung ausgeführt wird. Nimmt der Motor bei Stillstand und voller Spannung E einen Strom I_k auf, so fließt ihm unter der verminderten Klemmenspannung $\frac{E}{\xi}$ nur der Strom $I_I = \frac{I_k}{\xi}$ zu und dem Netz wird nur der Strom

$$I = \frac{I_I}{\xi} = \frac{I_k}{\xi^2} \tag{54}$$

entnommen. Ist die Anlaßspannung gleich der halben Netzspannung, so ist der vom Netz entnommene Strom nur $^1/_4$ des der vollen Spannung entsprechenden Anlaufstromes. Allerdings geht das Anlaufdrehmoment nach

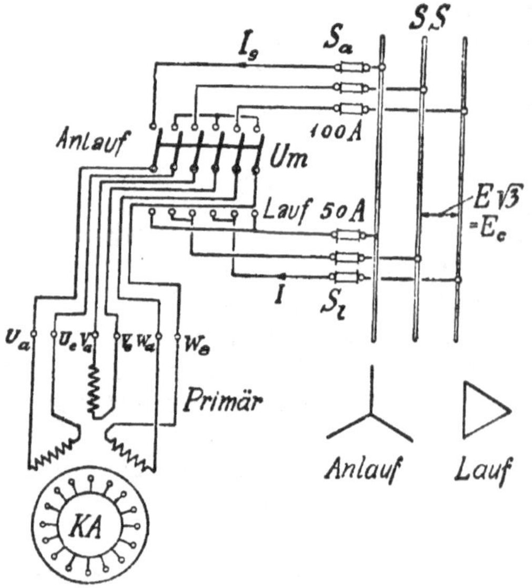

Fig. 34. Stern-Dreieck-Anlauf.

Gl. (45 b) ebenfalls mit $\left(\frac{E}{\xi}\right)^2$ zurück. Der Anlaßtransformator ist mit einem Umschalter *Um* verbunden, der in der Nähe der vollen Drehzahl ein rasches Umschalten auf volle Spannung *E* ermöglicht.

5. Für Käfigankermotoren mäßiger Leistung, etwa bis 20 oder 50 kW, läßt sich der Anlaßtransformator sparen

und durch die Sterndreieckschaltung nach Fig. 34 ersetzen: Im Anlauf ist die Primärwicklung in Stern geschaltet und nimmt in einer Phase den Strom $I_s = \frac{I_k}{3}$ auf, wenn I_k der vom Netz entnommene Strom bei Stillstand in Dreieckschaltung, also in der Laufstellung ist. In der Laufstellung des Umschalters *Um* wird die Wicklung in Dreieck geschaltet, das ist in die für den Dauerbetrieb bestimmte Schaltung. Die Sterndreieckschaltung wirkt also wie ein Anlaßtransformator, der die Motorspannung auf $\frac{E}{\sqrt{3}}$ herabsetzt. In der Anlaufstellung arbeitet der Motor mit verstärkten Sicherungen *S*.

6. Benutzt man einen Primäranlasser, schaltet man also induktionsfreien abgestuften Widerstand AW_I vor die Motorklemmen (Fig. 35), so drückt man damit wohl auch den Anlaufstrom herunter. Das Verfahren ist jedoch unwirtschaftlicher als die beiden eben besprochenen Schaltungen. Das drückt sich dadurch aus, daß die bei Anlauf vom Netz aufgenommenen Voltampere auf ein mkg nutzbares Anzugsmoment bezogen größer sind als bei den beiden anderen Verfahren.

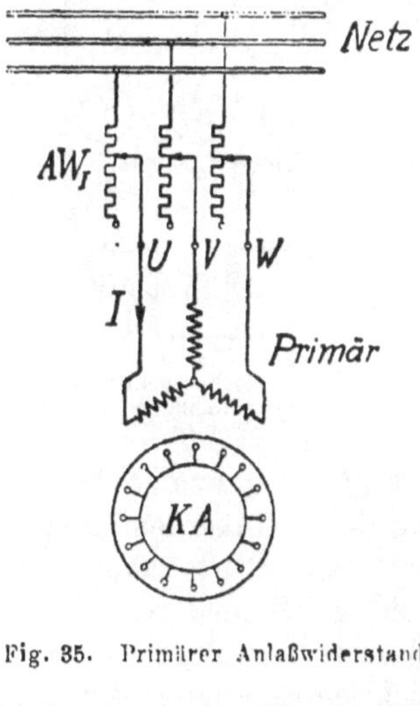

Fig. 35. Primärer Anlaßwiderstand.

Sehr vorteilhaft ist es, Kurzschlußankermotoren vermittels einer von Hand oder durch Fliehkraft betätigten Kupplung mit den anzutreibenden Maschinen zu verbinden, so daß der Motor ganz leer und deswegen rasch anläuft usd dann erst mit dem Antrieb gekuppelt wird (Mechanischer Anlasser der SSW.).

Ist ein Motor mit Polumschaltung versehen, so soll der Anlauf stets mit der **höheren** Polzahl beginnen.

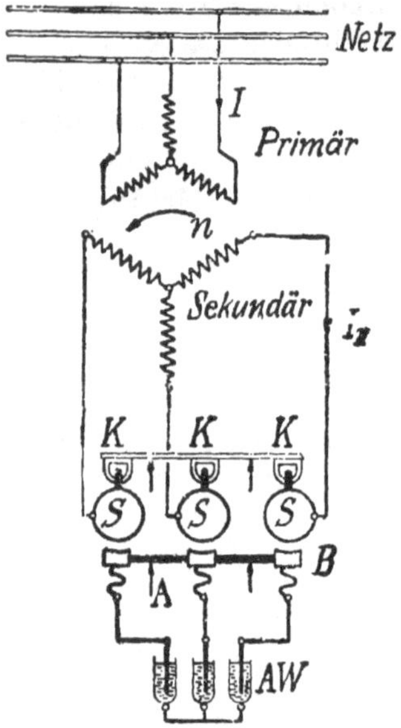

Fig. 36. Rotorkurzschließer und Bürstenabheber.

7. Wird der Vorschaltwiderstand AW (Fig. 36) von einem Schleifringanker nur zum seltenen Anlassen und nicht zum häufigen Regeln und Steuern benötigt, handelt es sich also um einen Anlaß-Schleifringanker, nicht um einen Regulier-Schleifringanker, so werden die Schleifringe in der Regel mit einem kreisenden Rotorkurzschließer *K* und einem Bürstenabheber *A* ausgerüstet, so daß der Motor nach erfolgtem Anlauf wie ein Kurzschlußankermotor weiterläuft. Diese Vorrichtung ist so zu bauen, daß beim Anlauf zwangsläufig stets die Bürsten zuerst kurzgeschlossen und dann abgehoben werden. Außerdem darf das Kurzschließen und Abheben erst ausgeführt werden, wenn der Motor auf volle Drehzahl gekommen ist. Beim Abstellen des Motors sind die Bürsten aufzulegen, dann ist der Kurzschluß zu lösen. Die richtige Betätigung des Bürstenkurzschließers und -abhebers läßt sich zwangsläufig mit dem Anlasser verbinden oder selbsttätig durch einen Fliehkraftregler ausführen.

Die Störungen, die dadurch hervorgerufen werden, daß bei geschlossenem Kurzschließer und abgehobenen Bürsten der Motor ans Netz geschaltet wird, kommen verhältnismäßig häufig vor und können für große Netze sehr schwerwiegende Nachteile bringen. Eine vollkommene Abhilfe ist nur dadurch möglich, daß der Anlasser mit Primärschalter nach Fig. 37 an den Motor angebaut und mit dem Anlasserschaltrad H auch der Bürstenabheber betätigt wird. Der Anlaßvorgang ist dann folgender: Durch Drehen des Handrades H wird zuerst der Primärschalter geschlossen, dann werden die Läufervorschaltwiderstände R_r stufenweise abgeschaltet. Ist der Anlaßwiderstand R_r auf Null gebracht, so betätigt beim Weiterdrehen des Handrades H ein

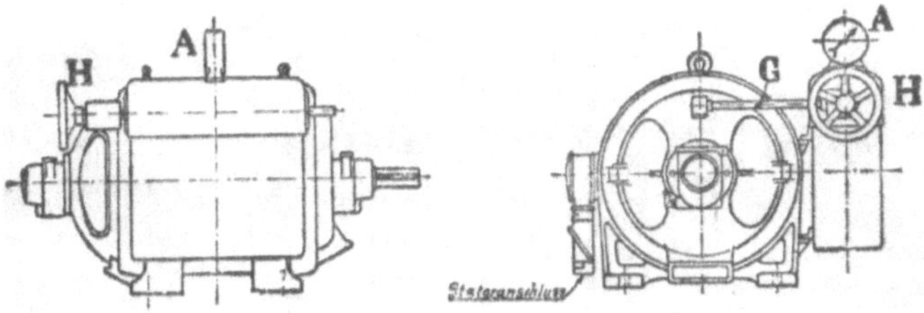

Fig. 37. An den Motor angebauter Anlasser der SSW.

Gestänge G den Rotorkurzschließer und Bürstenabheber. Beim Ausbleiben der Netzspannung müßte die ganze Einrichtung mittels einer Nullspannungsauslösung in die Nullage zurückgeworfen werden, was aber konstruktiv schwer durchzuführen ist. Man baut deshalb am besten nur an den Primärschalter eine Nullspannungsauslösung an, legt aber zwischen Handrad und Schalter eine sogenannte Freiauslösung oder Freilaufkupplung, so daß das Wiedereinschalten nur möglich ist, wenn das Handrad in die Nullage zurückgedreht wird. Bei Netzspannungen über 1000 Volt wird der primäre Ölschalter getrennt angeordnet. Die Anlaßschaltwalze erhält dann einen Abhängigkeitskontakt, durch den der entsprechend ausgeführte Primärschalter derart verriegelt wird, daß er nur in der Ausschaltestellung der Anlasserwalze eingeschaltet werden kann.

8. Die Versuche, Induktionsmotoren ohne Schleifringe mit kräftigem Anzugsmoment zu bauen, sind äußerst

zahlreich; die fraglichen Konstruktionen bleiben jedoch alle auf kleine Leistungen bis etwa 20 kW beschränkt oder auf den Fall leichten Anlaufs größerer Motoren:

a) Die **Stufenanker** sind mit zwei sekundären Läuferwicklungen ausgerüstet, von denen die eine zur Erzielung eines ausreichenden Anzugsmomentes großen Widerstand

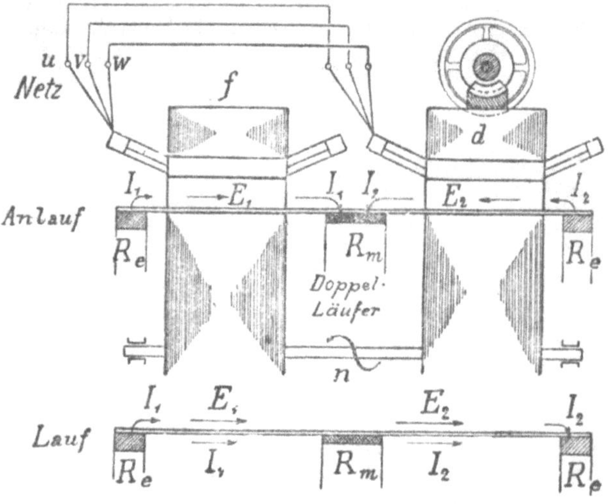

Fig. 38. Doppelmotor von Boucherot.

(R_{II}) hat; die zweite ist für Dauerlauf bestimmt und wird in der Regel von Hand oder mit Fliehkraftregler erst bei Erreichung von etwa $^3/_4$ der synchronen Drehzahl n_0 kurzgeschlossen.

b) Der **Siebanker** von Boucherot besteht aus zwei oder mehr konzentrisch ineinanderliegenden Käfigankerwicklungen; zwischen den radial übereinanderliegenden Nuten der verschiedenen Wicklungen laufen radiale Luftschlitze; die innere Wicklung hat kleinen, die äußere großen Widerstand (R_{II}). Es genügt übrigens die Verwendung von Käfigankern mit tiefen Rotornuten und hohen Rotorstäben; infolge der Hautwirkung oder Stromverdrängung steigt dann der Rotorwiderstand R_{II} bei Stillstand auf ein Vielfaches des Gleichstromwiderstandes, der sich bei Lauf einstellt.

c) Der Doppelmotor von Boucherot (Fig. 38) hat einen festen (*f*) und einen drehbaren (*d*) Ständer. Im Anlauf steht der Ständer *d* zunächst so, daß die in der Läuferwicklung von (*f*) und (*d*) induzierten *EMKe* E_1 und E_2 sich entgegenwirken und die Ströme I_1 und I_2 sich außer in den Endringen R_e in dem inneren Ring R_m mit hohem Widerstand schließen. Der Motor entwickelt ein kräftiges Anzugsmoment. Mit wachsender Drehzahl wird der Ständer *d* allmählich so gedreht, daß schließlich E_1 und E_2 gleichsinnig wirken (Fig. 38 unten); die Ströme I_1 und I_2 schließen sich dann nur in den Ringen R_e mit geringem Widerstand und der Ring R_m bleibt stromlos. Die Verdrehung des Drehfeldes *d* kann statt mechanisch auch elektrisch durch Änderung der Wicklungsanschlüsse geschehen. — Motoren mit Polumschaltung können so gebaut werden, daß bei der zum Anlassen bestimmten Polzahl Widerstandsverbinder im Kurzschlußanker wirksam werden, die bei der andern Polzahl ausgeschaltet bleiben.

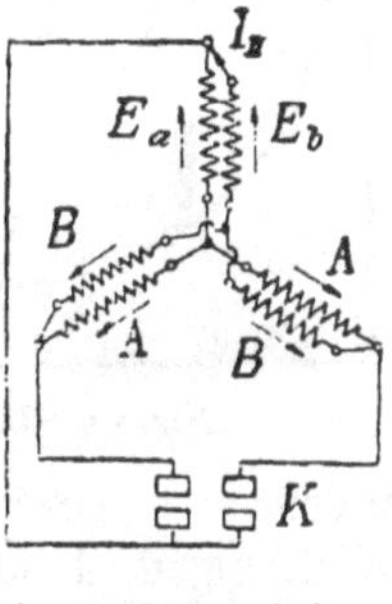

Fig. 39. Gegenschaltung von Görges (SSW.).

d) Baut man den Motor von Haus aus als Doppelmotor in der später zu behandelnden Kaskadenschaltung, so wird der Anlaßwiderstand an den zweiten Ständer angeschlossen und Schleifringe entfallen, da die sich drehenden Läufer durch mitkreisende Leiter verbunden sind.

e) Die **Gegenschaltung** der Siemens-Schuckert-Werke besteht darin, daß zwei ungleiche Läuferwicklungen *A* und *B* nach Fig. 39 für den Anlauf gegeneinander geschaltet sind, so daß nur die Differenz $E_a - E_b$ zur Wirkung kommt. Der entstehende Läuferstrom ist dann $I_{II} = \frac{E_a - E_b}{R_a + R_b}$, wenn R_a und R_b der Widerstand je einer Phase der beiden

Wicklungen *A* und *B* ist. Durch Schließen des Schalters *K*, das vermittels eines Fliehkraftreglers bei etwa $^3/_4$ der

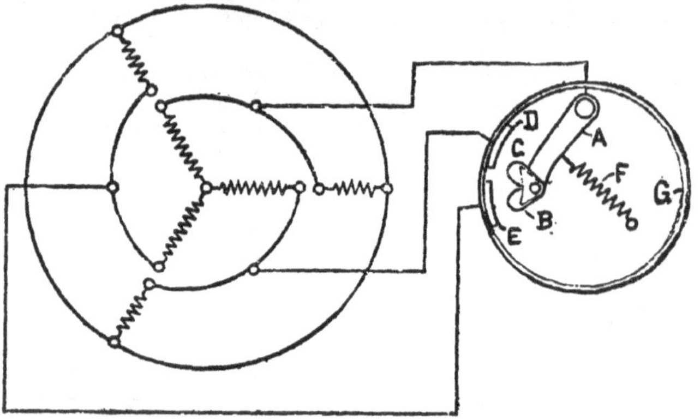

Fig. 40. Gegenschaltung mit Fliehkraft-Kurzschließer.

synchronen Drehzahl n_0 veranlaßt wird, werden beide Wicklungen *A* und *B* je in sich kurzgeschlossen, so daß die *EMKe* E_a und E_b voll zur Wirkung kommen.

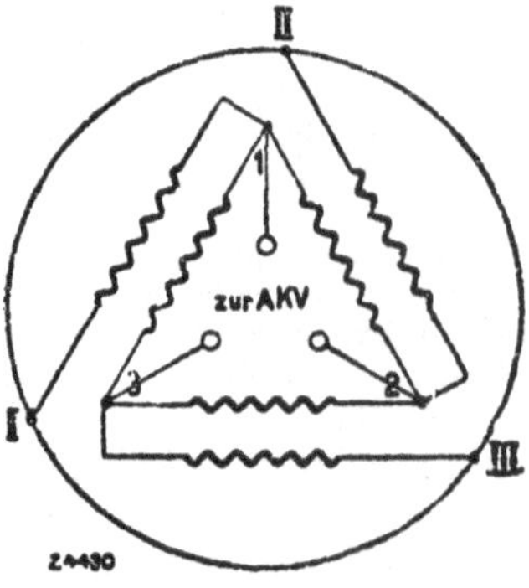

Fig. 41. Gegenschaltung von Brown, Boveri & Co. A.-G.

In der Gegenschaltung Fig. 40 sind beim Anlauf zwei um 120° verschobene sternverkettete Läuferwicklungen hintereinandergeschaltet; bei Erreichung einer bestimmten Drehzahl schließt der Fliehkraftschalter beide Wicklungen einzeln kurz, wodurch der wirksame Widerstand auf die Hälfte herabgesetzt wird.

Die Gegenschaltung von Brown, Boveri & Co. A.-G. ist nach Fig. 41 für den Anlauf derart ausgebildet, daß jede Phase der Läuferwicklung in zwei gleiche Teile getrennt, die eine Hälfte in Dreieck und die zweite dahinter in Stern geschaltet wird. Bei etwa $^2/_3$ bis $^3/_4$ der synchronen Drehzahl n_0 werden die drei Verbindungsstellen 1, 2, 3 (Fig. 41) durch den Fliehkraftkurzschließer Fig. 42 miteinander kurz verbunden, sobald die Fliehkraft der Klötze A die Federkraft F überwindet und durch A die mit 1, 2, 3 verbundenen Klötze K überbrückt werden.

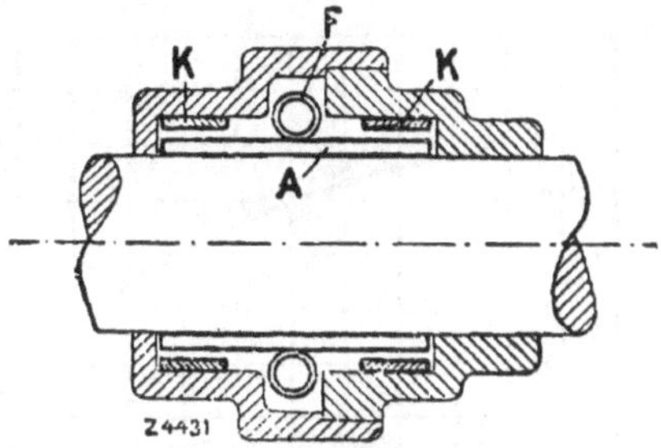

Fig. 42. Fliehkraft-Kurzschließer zu Fig. 41.

Ist e die effektive Spannung einer Phasenhälfte, r ihr Widerstand, so ist in der Anlaufstellung der Strom

$$i_a = \frac{e}{\frac{4}{3} r} = \frac{3\,e}{4\,r},$$

in der Laufstellung dagegen

$$i_l = \frac{e}{\frac{r}{2}} = \frac{2\,e}{r}$$

oder

$$i_a = \frac{3}{8}\, i_l,$$

d. h. der Anlaufstrom wird auf $\frac{3}{8}$ des Wertes beim gewöhnlichen kurzgeschlossenen Motor herabgedrückt. Die Betriebsverhältnisse eines solchen Motors mit Gegenschaltung veranschaulicht die Fig. 43, die Drehmoment und Strom auf beiden Stufen in Abhängigkeit der minutlichen Drehzahl wiedergibt: Der sechspferdige Motor zieht beim

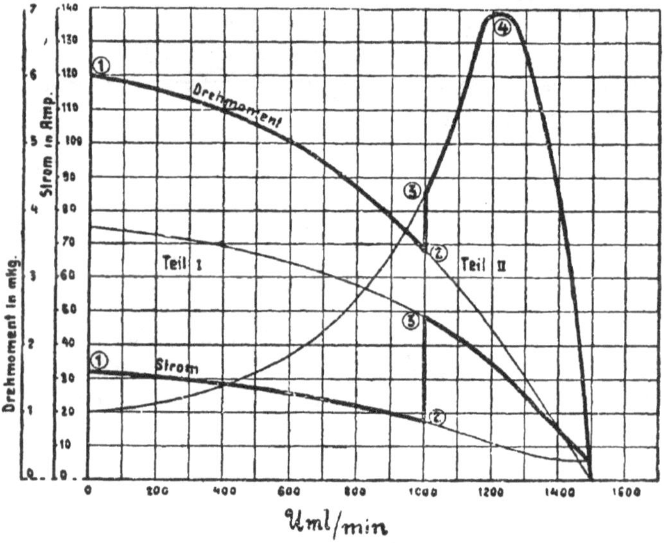

Fig. 43. Betriebskurven zur Gegenschaltung in Fig. 41.

doppelten Vollaststrom etwa mit dem Doppelten des Vollastdrehmomentes an. Der Übergang auf die Kurzschlußstellung ist unvermeidlich mit einem beträchtlichen Stromstoß verknüpft.

f) Die induktionsfreien Anlaßwiderstände lassen sich in den Läufer einbauen und während des Anlaufes in einer Stufe oder in mehreren Stufen von Hand oder mittels Fliehkraftreglers allmählich kurzschließen. Auch der erwähnte Impedanzanlasser kann mit dem Läufer mitlaufen. Diese **mitkreisenden Anlasser** sind nicht allgemein und jedenfalls nicht für häufiges Anlassen zu empfehlen, da die Abfuhr der Anlaufwärme und auch die Konstruktion der kreisenden Stufenschalter sich nicht einfach gestaltet. Der mitkreisende selbsttätige mehrstufige Rotoranlasser der Maschinenfabrik Oerlikon ist besonders gut durchgebildet und hat sich vollauf bewährt.

D. Geschwindigkeitsregelung.

Die verschiedenen Verfahren zur Geschwindigkeitsänderung von Asynchronmotoren lassen sich aus den Gleichungen (47) bis (48 a) ableiten:

a) Veränderliche Netzfrequenz f.

1. Durch Speisung des Motors mit **veränderlicher Frequenz** beeinflußt man die synchrone Drehzahl n_s und genügend genau auch die üblichen Betriebsdrehzahlen n proportional dieser Netzfrequenz f in wirtschaftlicher Weise. Die Erzeugung veränderlicher Frequenz ist jedoch umständlich; die Klemmenspannung E soll sich dabei etwa proportional der Frequenz f ändern. Für jede Frequenz ist ein eigener Generator und ein eigenes Netz mit drei oder zwei Leitungen erforderlich, obwohl es auch möglich ist, auf denselben Leitungen Ströme verschiedener Frequenz zu führen (polyzyklisches System).

2. Öffnet man in der Schaltung Fig. 24 eine der drei Schleifringzuleitungen mit dem Schalter *Au*, so arbeitet der Läufer nur noch **einphasig**. Diese Schaltung heißt **einachsig**. Das durch die f_s-periodischen Wechselströme im Läufer erzeugte Wechselfeld kann man sich in zwei mit der Frequenz f_s nach links und rechts laufende Drehfelder zerlegt denken und be-

kommt dann die Fig. 44: Das Ständerdrehfeld D_I läuft mit der Frequenz f nach rechts, der Läufer L läuft mit der Frequenz f_r nach und gegenüber dem Läufer bewegen sich die beiden Läuferdrehfelder D'_{II} und D''_{II} mit der Frequenz f_s nach links und rechts. Das rechtslaufende Feld D'_{II} hat räumlich die Frequenz $f_r + f_s = f$, setzt sich also mit dem Ständerdrehfeld D_I unmittelbar zusammen. Dagegen bleibt das linksdrehende Drehfeld D''_{II} für sich bestehen und kreist räumlich mit einer Frequenz

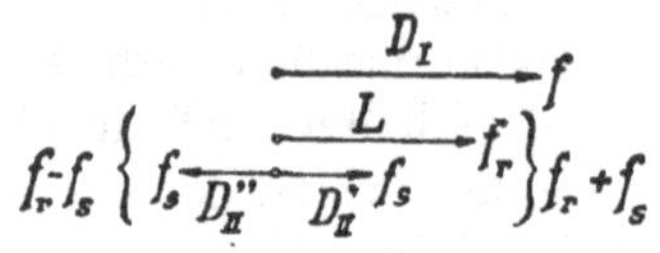

Fig. 44. Frequenzen der Drehfelder.

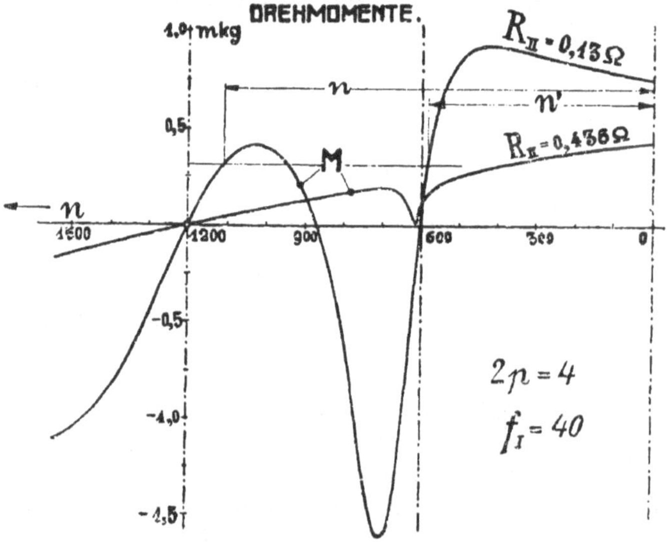

Fig. 45. Drehmoment M in Abhängigkeit der Drehzahl n bei einachsiger Schaltung.

$(f_r - f_s) = (2 f_r - f)$. Jedes der zwei Drehfelder erzeugt ein Drehmoment, das resultierende Drehmoment verläuft nach Fig. 45 (von Dreyfus); die eine Kurve gilt für kleinen Läuferwiderstand R_{II}, die andere für großen. Aus dem Verlauf der ersten Kurve ist ersichtlich, daß ein gegebenes Drehmoment bei zwei verschiedenen stabilen Drehzahlen n und n' erreicht werden kann, wobei $n' \mp \sim \frac{n}{2}$ ist und n etwa der Drehzahl bei dreiphasiger Läuferschaltung entspricht. Die einachsige Schaltung ermöglicht also eine Herabsetzung der Drehzahl auf die Hälfte. Bei großem Läuferwiderstand ist das Verfahren praktisch nicht wirksam. Bei der halben Drehzahl ist der cos φ sehr schlecht; bei der vollen Drehzahl treten Schwebungen zwischen den f- und $(2 f_r - f)$-periodischen Ständerströmen auf, die Lichtzuckungen an parallel geschalteten Lampen veranlassen können.

b) Veränderliche Polzahl $2p$.

3. Ein Induktionsmotor läuft um so langsamer, je größer seine Polzahl ist. Durch Polumschaltung läßt sich also eine sprungweise Geschwindigkeitsregelung erzielen; sie läßt sich auf drei verschiedene Weisen ausführen:

α) Dieselbe Primärwicklung wird durch Umschaltung, also durch Änderung der Spulengruppierung von $2 p_1$ auf $2 p_2$ Pole gebracht; meist ist $p_1 : p_2 = 1 : 2$, selten $1 : 3$ oder $2 : 3$ oder $3 : 4$. Für eine Ringwicklung ist diese Polumschaltung von $2 p_1 = 2$ auf $2 p = 4$ aus der Fig. 46 und 47 zu ersehen. Bei dieser Umschaltung kann man gleichzeitig von Reihen- in Parallelschaltung der Spulen, von Stern- in Dreieckschaltung oder gar von drei auf zwei Phasen übergehen.

β) Es werden zwei (oder mehr) ganz getrennte Wicklungen vorgesehen: die eine wird für $2 p_1$ Pole, die andere für $2 p_2$ Pole gewickelt. Die beiden Wicklungen benutzt man zeitlich nacheinander.

γ) Es werden zwei (oder mehr) vollständige Motoren, der eine für $2 p_1$, der andere für $2 p$ Pole in ein gemeinsames Gehäuse eingebaut; das gibt den sogenannten Stufenmotor.

Die Sekundär- oder Läuferwicklung wird möglichst als Käfiganker ausgeführt, da er für jede Polzahl paßt; sonst muß im Falle α) und β) die Läuferwicklung wie der Ständer von $2p_1$ auf $2p_2$ Pole umschaltbar sein, was bei zwei Polzahlen den Anbau von mindestens fünf Schleifringen, bei vier Polzahlen den von neun Schleifringen nötig macht.

Selbst für die weitestgehenden Ansprüche genügt eine einfache Polumschaltung, wenn sie nach β) mit zwei ge-

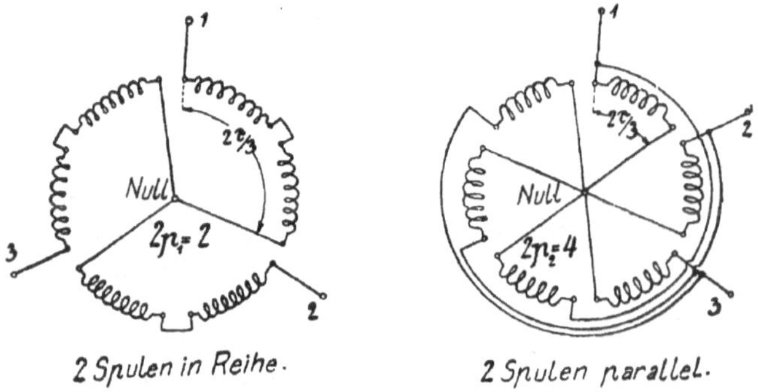

Fig. 46 u. 47. Polumschaltung von 2 auf 4 Pole.

trennten Wicklungen, von denen jede nach α) nochmals umschaltbar ist, ausgeführt wird. Die eine Wicklung habe z. B. vier und acht Pole, die andere sechs und zwölf; das gibt bei $f = 50$ Per/s die vier synchronen Drehzahlen $n_1 = 1500$ 1000, 750 und 500; bei Belastung sind sie $2 \div 5\,\%$ kleiner. Der Leistungsfaktor $\cos\varphi$ wird in der Regel um so kleiner, je größer die Polzahl, d. h. je kleiner die Drehzahl ist; auch das höchsterreichbare Drehmoment sinkt meist mit wachsender Polzahl etwas.

Die üblichen Ständerwicklungen erzeugen, besonders wenn sie grob genutet sind, ein Drehfeld, das räumlich nicht sinusförmig verläuft. Die dritte, fünfte .... Oberwelle wirkt nun so, als ob der Motor außer der Grundpolzahl $2p$ noch $6p$, $10p$ .... Pole hätte. Es kann dann vorkommen, daß der Motor außer der synchronen Grund-

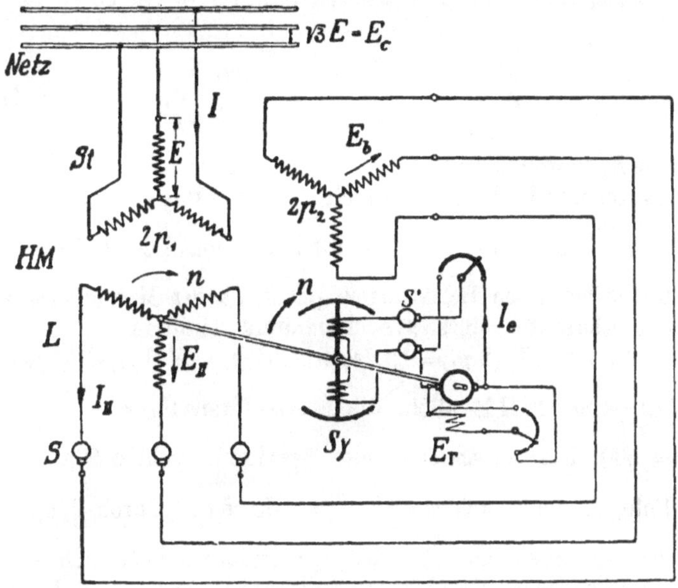

Fig. 48. Synchrone Kaskadenschaltung.

drehzahl n_0 von selbst noch mit Drehzahlen $\frac{n_0}{3}$, $\frac{n_0}{5}$ .... läuft. Die Drehmomentenkurve verläuft dann nach Fig. 31 (siehe S. 69).

c) Veränderliche aufgedrückte Läuferfrequenz f_s.

4. Synchrone Kaskadenschaltung. Werden dem $2p_1$-poligen Läufer durch die drei Schleifringe S (Fig. 48)

Ströme und Spannungen E_b bestimmter Frequenz $f_s = \frac{f}{\xi}$, die eine $2\,p_2$-polige Synchronmaschine *Sy* erzeugt, aufgedrückt, so muß der Motor entsprechend dieser Frequenz f_s schlüpfen; seine Drehzahl wird mit $f_s = n p_2 : 60$

$$n = \frac{60\,f\left(1 - \frac{1}{\xi}\right)}{p_1} = \frac{60\,f}{p_1 + p_2}. \tag{54}$$

Die Synchronmaschine *Sy* samt Erreger *Er* kann mit dem Läufer unmittelbar gekuppelt werden; ihre Polzahl $2\,p_2 = \frac{120\,f_s}{n}$ muß eine ganze gerade Zahl sein. Die Drehzahl n bleibt bei allen Belastungen gleich, da der Maschinensatz den Charakter eines Synchronmotors annimmt.

Es sei z. B. $2\,p_1 = 12$, so ist bei $f = 50$ Per/s für den Hauptmotor *HM* allein die Leerlaufdrehzahl $n_0 = \frac{60 \cdot 50}{6} = 500$; hat die angekuppelte Synchronmaschine $2\,p_2 = 4$ Pole, so stellt sich $n = \frac{60.50}{6+2} = 375$ ein. Durch Regeln des Erregerstromes I_e des Hintermotors läßt sich der primäre $\cos\varphi$ des Hauptmotors auf 1 bringen, d. h. es läßt sich der Phasenwinkel φ nach Belieben so einstellen, daß der Strom I der Klemmenspannung vor- oder nacheilt. Vorausgesetzt ist dabei, daß das Feldrad von *Sy* gegenüber dem Läufer L richtig auf die gemeinsame Welle aufgekeilt ist, so daß die aufgedrückte Spannung E_b der *EMK* E_{II} entgegenwirkt; noch zweckdienlicher ist es, wenn der Ständer von *Sy* mit Schnecke und Schneckenrad drehbar gemacht wird. Zum Anlassen legt man die Schleifringe S zunächst an einen gewöhnlichen Anlasser. Der richtige

Augenblick des Anschaltens der Synchronmaschine *Sy* an die Schleifringe *S* muß mit Hilfe von Phasenlampen oder eines Phasenvoltmeters ermittelt werden. Der Energieumsatz in der Doppelmaschine ist derart, daß die von den Läuferschleifringen *S* abgegebene Schlupfenergie zum motorischen Antrieb der Synchronmaschine dient. Die mechanische Nutzleistung des Maschinensatzes ist $P_n = P_a$

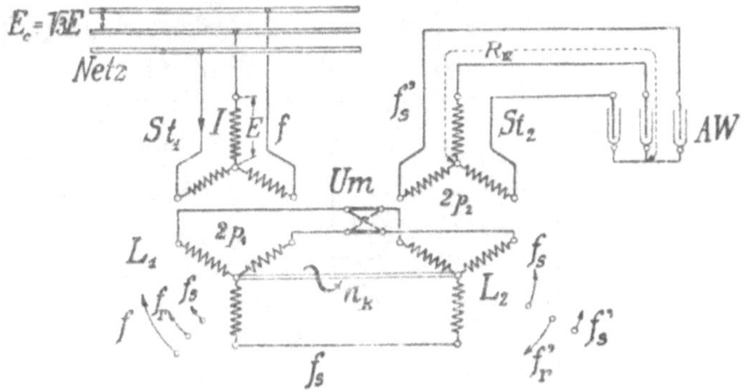

Fig. 49 Asynchrone Kaskadenschaltung. (*Um* normal gekreuzt.)

$+ P_s$, wobei der Teil P_a von der Asynchronmaschine, P_s von der Synchronmaschine geliefert wird; es ist ungefähr

$$P_a : P_s = f_r : f_s = p_1 : p_2 \,. \qquad (55)$$

5. Asynchrone Kaskadenschaltung. Schaltet man die Läufer L_1 und L_2 zweier gekuppelter Induktionsmotoren mit $2\,p_1$ und $2\,p_2$ Polen nach Fig. 49 hintereinander und ist die Frequenz des Netzstromes f, so entstehen im ersten Läufer L_1 Ströme von der Frequenz $f_s = f - f_r$, wenn die Drehfrequenz $f_r = \dfrac{n_k\,p_1}{60}$ und n_k die minutliche Drehzahl der Läufer ist. Die Frequenz der Ströme im

zweiten Ständer St_2 ist deshalb $f'_s = f_s - f'_r$, wenn $f'_r = \frac{n_k\, p_2}{60}$ ist. Die Leerlaufsdrehzahl, die der Doppelmotor erreicht, folgt aus $f'_s = 0$, da dann im zweiten Ständer St_2 keine Ströme induziert werden. In diesem Fall ist $f_s - f'_r = 0$

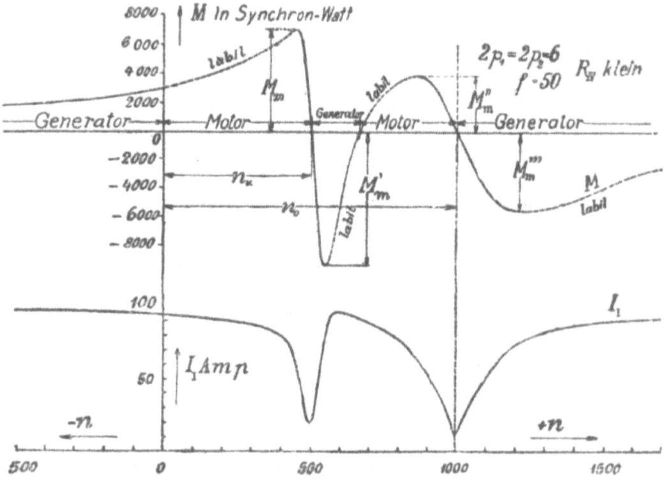

Fig. 50. Betriebskurven in der asynchronen Kaskadenschaltung (nach Steinmetz).

und deshalb $f'_r = f - f_r$ oder die stabile Leerlaufsdrehzahl der Kaskade ist

$$n_k = \frac{60\, f}{p_1 + p_2}. \tag{56}$$

Ist zwischen beiden Motoren eine Übersetzung eingeschaltet, so daß der eine Motor n_k Uml/min, der zweite

λn Uml/min macht, so gilt $f'_r = \frac{\lambda n_k p_2}{60}$, also allgemein

$$n_k = \frac{60 f}{p_1 + \lambda p_2}. \tag{57}$$

Bei Belastung schlüpft der Motor etwas. Eine zweite Leerlaufsdrehzahl n_0 der Kaskade, die sie aber nicht ohne äußeren Antrieb erreicht, tritt für $f_s = 0$ auf; sie ist

$$n_0 = \frac{60 f}{p_1}. \tag{58}$$

Bei Belastung ist die Drehzahl um 2—5 % kleiner als n_k oder n_0.

Die Betriebskurven für die Kaskadenschaltung sind in Fig. 50 und 51 dargestellt, und zwar in Abhängigkeit der Drehzahl n das Drehmoment M und der vom Netz zufließende Strom $I = I_1$. Motor- und Generatorbetrieb wechseln mit der Drehzahl. Fig. 51 gilt für den Fall, daß vor den Ständerkreis St_2 Widerstand AW vorgeschaltet wird, d. h. wenn R_{IV} groß ist, während für Fig. 50 der Wert R_{IV} klein ist.

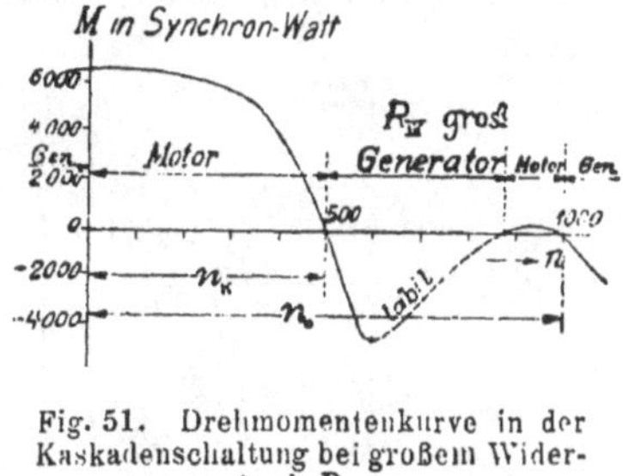

Fig. 51. Drehmomentenkurve in der Kaskadenschaltung bei großem Widerstand R_{IV}.

In der Kaskadenschaltung sind der Wirkungsgrad η, cos φ und das höchste Drehmoment M_m kleiner als beim Einzelbetrieb jedes der beiden Motoren. Die Nutzleistung ist $P_n = P_1 + P_2$, wenn P_1 die Leistung des Motors (1) und P_2 die des Motors (2) ist. Dabei gilt $P_1 : P_2 = f_r : f'_r = p_1 : p_2$.

Vertauscht man mittels des Umschalters *Um* (Fig. 49) zwei Läuferverbindungen, kann der Maschinensatz die Drehzahl

$$n'_k = \frac{60\,f}{p_1 - \lambda p_2} \tag{58}$$

annehmen, auf die er aber durch äußeren Antrieb gebracht werden muß, so daß sie praktisch nicht in Betracht kommt. Ein Doppelmotor mit $2\,p_1 = 6$, $2\,p_2 = 4$ Polen ermöglicht bei $f = 50$ Per/s folgende Drehzahlen bei Leerlauf:

$$n_0 = \frac{60 \cdot 50}{2} = 1500,\; n'_0 = \frac{60 \cdot 50}{3} = 1000,\; n_k = \frac{60 \cdot 50}{5} = 600$$

und unter Umständen noch $n'_k = \frac{60.50}{1} = 3000$ Uml/min.

Für die niedrige Kaskadengeschwindigkeit n_k hat man die Leitungen in *Um* Fig. 49 zu kreuzen, bei der hohen Drehzahl n'_k gerade durchzuführen! Die beiden Motoren einer Kaskade lassen sich radial übereinander zu einem Doppelmotor zusammenbauen.

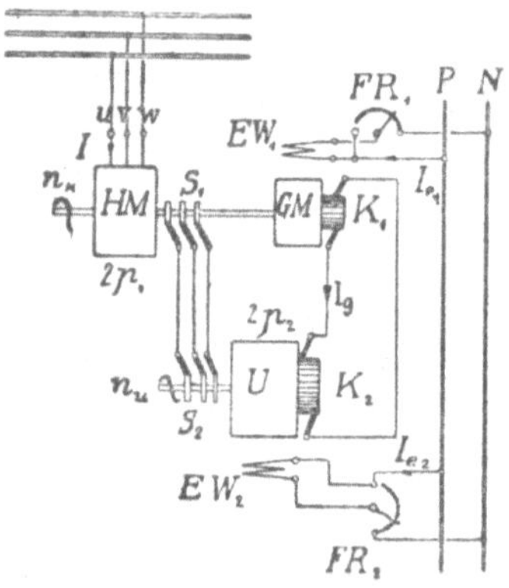

Fig. 52. Asynchronmotor in der Gleichstromkaskadenschaltung (Krämer-Schaltung).

6. Drehstrom-Gleichstrom-Kaskade. Die Schlupfenergie des asynchronen Hauptmotors *HM* (Fig. 52) wird von den Schleifringen S_1 zu den Schleifringen S_2 des Umformers *U* geführt und dort in Gleichstrom umgesetzt, der zum Antrieb des mit *HM* gekuppelten Gleichstromhintermotors *GM* dient. Die Geschwindigkeitsregelung geschieht ausschließlich durch Änderung des Erregerstromes I_e

des Gleichstrommotors *GM* mit Hilfe des Reglers FR_1. Wenn $I_{e_1} = 0$ ist, macht die Hauptwelle die höchste Drehzahl, nämlich unbelastet $n_k = \frac{60\,f}{p_1}$ und die Drehzahl des Umformers ist $n_u = -0$. Mit wachsendem Erregerstrom I_{e_1} sinkt die Drehzahl n_k und die Drehzahl n_u steigt; zwischen beiden besteht die Beziehung:

$$n_u = \frac{60\,f}{p_2} - n_k \frac{p_1}{p_2}. \qquad (59)$$

Durch Änderung des Erregerstromes I_{e_2} des Umformers *U* läßt sich der Leistungsfaktor $\cos\varphi$ des Hauptmotors *HM* beliebig, auch auf $\cos\varphi = 1$ einstellen, d. h. es läßt sich der Strom *I* des Hauptmotors *HM* zum Voreilen oder Nacheilen gegenüber seiner Spannung *E* bringen.

Das Heyland-Getriebe ist noch eine Erweiterung der Kaskade nach Fig. 52.

7. Versieht man den Läufer von Asynchronmotoren mit einer an einem Kommutator angeschlossenen Gleichstromwicklung, so ergeben sich bei Anbringung mehrphasiger Bürstensätze auf diesem Kommutator die verschiedenen Bauarten von mehrphasigen Kommutatormotoren, die für sich besprochen werden. Diese Kommutatormotoren können auch als Hintermotor für Kaskadenschaltungen an Stelle eines Synchronmotors nach 4. oder eines Asynchronmotors nach 5. herangezogen werden; über diese Kommutatorkaskaden und über eine Kaskade mit Kommutatorfrequenzwandler als Hintermotor folgen Angaben im Kapitel „Kommutatormotoren". In gewissen Fällen kann an Stelle des Kommutators ein Gleichrichter, der zwischen das Netz und die Schleifringe des Asynchronmotors geschaltet wird, treten.

8. Schließt man nicht nur den Ständer, sondern auch den Läufer parallel oder in Reihe mit dem Ständer so ans Netz an, daß das sekundäre Drehfeld entgegen dem primären kreist, so kann der Motor betriebsmäßig synchron mit $n = 2 \cdot \frac{60\,f}{p}$ Uml/min, d. h. mit dem Doppelten der normalen

Drehzahl arbeiten. Er muß aber auf diese Drehzahl mit äußeren Mitteln gebracht werden.

d) Regelung durch Vermehrung des Schlupfes f_s.

9. Der vor die Schleifringe gelegte induktionsfreie Widerstand R_v Fig. 24 kann bei geeigneter reichlicher Bemessung nach Gl. (48) zur Vergrößerung der Schlüpfung f_s und damit zur Herabdrückung der Drehzahl n dienen. Diese Regelung ist einfach und deshalb ziemlich verbreitet. Sie hat jedoch dieselben Nachteile wie die Regelung der Gleichstrommotoren mit Ankervorschaltwiderstand R_v. Der Wirkungsgrad des Motors wird mit wachsendem R_v von η auf etwa $\left(\eta - \frac{f_s}{f}\right)$ verringert, außerdem ist die Schlüpfung f_s bei konstantem Widerstand R etwa dem Belastungsdrehmoment proportional, d. h. die Drehzahl ist bei schwacher Belastung hoch, bei starker Belastung niedrig, der Motor nimmt die sogenannte Seriencharakteristik des Reihenschlußmotors an, was allerdings auch ein Vorteil sein kann.

10. Durch Verminderung der Klemmenspannung E am Motor vermittels eines Transformators (Fig. 25) läßt sich die Drehzahl n nach Gl. (48) etwas herabdrücken, ebenso, jedoch in weniger zweckdienlicher Weise, durch Vorschalten von Widerstand W_I vor die primären Motorklemmen (Fig. 35) oder durch Erhöhen des primären Widerstandes W_I überhaupt, z. B. durch Umschaltung der Primärwicklung.

11. Baut man den Ständer drehbar um den Läufer auf, so ergeben sich durch abwechselndes Festbremsen und Loslassen des Ständers weitere Möglichkeiten zum Anlassen und Regeln. Noch ausgiebiger wird die Regelung, wenn man den Ständer abwechselnd nach links

und rechts kreisen läßt, was dadurch zu erreichen ist, daß man konzentrisch um den Motor einen zweiten Motor (Fig. 53) herumbaut. Eine solche Motorbauart wird von der Maschinenfabrik Oerlikon in Verbindung mit einer mehrfachen Polumschaltung gebaut. Hat der (innere)

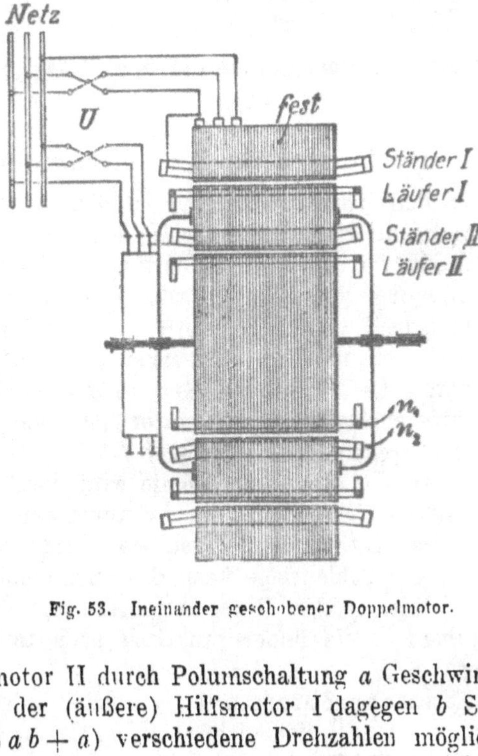

Fig. 53. Ineinander geschobener Doppelmotor.

Hauptmotor II durch Polumschaltung a Geschwindigkeitsstufen, der (äußere) Hilfsmotor I dagegen b Stufen, so sind $(2\,a\,b + a)$ verschiedene Drehzahlen möglich. Ein ausgeführter Motor von etwa 220 kW Höchstleistung hat einen Hauptmotor, dessen Ständer II mit $2\,p_1 = 2$ und $2\,p_2 = 4$ Polen versehen ist, und einen Hilfsmotor, dessen

Ständer I zwei polumschaltbare Wicklungen mit $2\,p_3 = 32$, $2\,p_4 = 16$, $2\,p_5 = 24$, $2\,p_6 = 12$ Polen hat. Die beiden induzierten Wicklungen sind Käfiganker. Es ergeben sich damit für $f = 50$ Per/s folgende 18 Geschwindigkeitsstufen in synchronen Uml/min n_0:

$$1500 \pm 187,\ 1500 \pm 250,\ 1500 \pm 375,\ 1500 \pm 500;$$
$$3000 \pm 187,\ 3000 \pm 250,\ 3000 \pm 375,\ 3000 \pm 500$$

und bei festgebremstem Ständer II noch 3000 und 1500 Uml/min.

E. Bremsverfahren für Asynchronmotoren.

Aus den Betriebskurven Fig. 28 ist ohne weiteres zu entnehmen, daß die Induktionsmaschine bei übersynchroner Drehzahl als Nutzbremse aktive Leistung ins Netz schickt, die zur Erregung dienende reaktive (wattlose) Stromkomponente jedoch vom Netz bezieht. In der Kaskadenschaltung (Fig. 50 und 51) sind sogar zwei Nutzbremsbereiche vorhanden. In der Gegenstromschaltung (als rückwärts angetriebener Generator) ist nach Fig. 28 bei kurzgeschlossenem Läufer keine beträchtliche Bremswirkung zu erzielen, die Bremsenergie wird durchwegs in Widerständen vernichtet und der Leistungsfaktor $\cos\varphi$ ist sehr klein. Durch Vorschalten von Widerstand R_v (Fig. 24) vor die Schleifringe kann das Drehmoment und damit die Wirkung der Gegenstrombremsung erheblich gesteigert werden; sie findet praktisch auch tatsächlich Anwendung.

Eine Kurzschlußbremsung unabhängig von der Netzspannung ist natürlich nicht möglich, da die auf das Netz arbeitenden Synchronmaschinen den (reaktiven) Erregerstrom für die Asynchronmaschinen liefern müssen. Nur wenn der Asynchronmotor durch Erregung mit Gleichstrom in eine Synchronmaschine verwandelt wird oder wenn er mit einem Kommutator versehen wird, kann er unabhängig vom Netz als Generator und als Bremse arbeiten.

F. Phasenvorschieber.

Durch die Phasenverschiebung φ zwischen Strom I und Spannung E, die bei langsamlaufenden Motoren und bei Teillasten aller Induktionsmotoren besonders groß ist, werden das Netz, die Transformatoren und die Generatoren

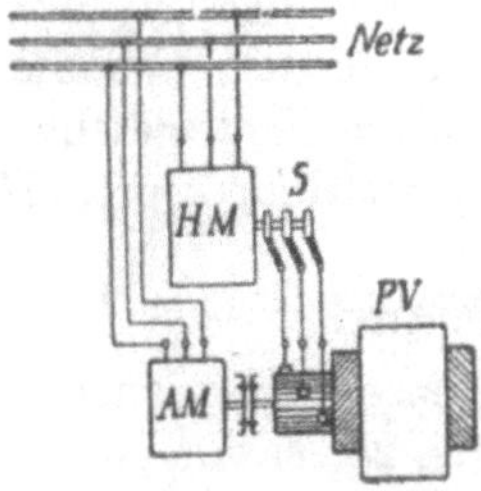

Fig. 54. Phasenvorschieber mit Kommutator von Brown, Boveri & Co. A.-G.

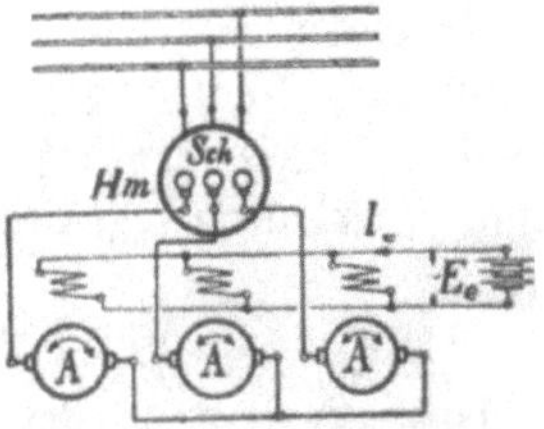

Fig. 55. Schwingender Phasenvorschieber der M. F. Oerlikon nach G. Kapp.

recht ungünstig belastet, so daß ein Phasenvorschieber, der den cos φ eines Netzes auf 0,9 oder auf 1 bringt, häufig von wirtschaftlichem Vorteil sein kann. Dazu eignet sich nach S. 53 zunächst ein übererregter Synchronmotor oder einer der später beschriebenen Kommutatormotoren oder ein parallel zum Netz geschalteter Kondensator. Es gibt aber auch besondere phasenvorschiebende Einrichtungen, die an die Schleifringe des einzelnen Asynchronmotors angeschlossen werden. Nach Fig. 54 besteht der Phasenvorschieber *PV* von Brown. Boveri & Co. A.-G. aus einem Kommutatormotor ohne Ständerwicklung, der von einem kleinen Hilfsmotor *AM* mit einer Geschwindigkeit $n >> \frac{60 f_s}{p}$ angetrieben wird, wenn f_s die Schlüpfungsfrequenz und $2p$ die Polzahl des Phasenvorschiebers *PV* ist.

Die im Band II aufgeführten Kaskadenschaltungen mit Kommutatormotoren als Hintermotor dienen gleichfalls zur Phasenkompensation ($\cos \varphi = 1$), siehe auch das Kap. IIIa: Kompensierte Drehstrommotoren.

Der pendelnde Phasenvorschieber der Maschinenfabrik Oerlikon besteht nach Fig. 55 aus drei Gleichstromankern *A*, die in einem mit Gleichstrom erregten Feldgestell mit der Schlüpfungsfreqeuenz f_s hin und her pendeln und die an die drei Schleifringe *Sch* des Hauptmotors *Hm* angeschlossen sind. f_s ist durchwegs die Schlüpfung des Hauptmotors *HM*.

G. Kreisdiagramm.

Das Verhalten des asynchronen Induktionsmotors, namentlich die Betriebskurven Fig. 28 erhält man am raschesten aus dem Kreisdiagramm Fig. 56: *E*, von *B* ausgerechnet, ist die Klemmenspannung, unter dem $\sphericalangle \varphi$ dagegen liegt der Primärstrom *I*, dessen Ende *A* sich auf dem gezeichneten Kreis bewegt. A_0 ist der Leerlaufpunkt, der durch den Leerstrom I_0 und φ_0 gegeben ist; ebenso ist A_k der Kurzschlußpunkt (Stillstand) mit dem Kurzschlußstrom I_k unter φ_k. Die zugeführte Leistung ist P_z, die nutzbar abgegebene P_n. *M* ist das Drehmoment, M_a das Anlaufmoment. σ ist die prozentuelle Schlüpfung. R_{I} ist der Primärwiderstand, R'_{II} der Sekundärwiderstand, auf den Primärkreis reduziert. Der Kreis gilt auch für Generatorbetrieb.

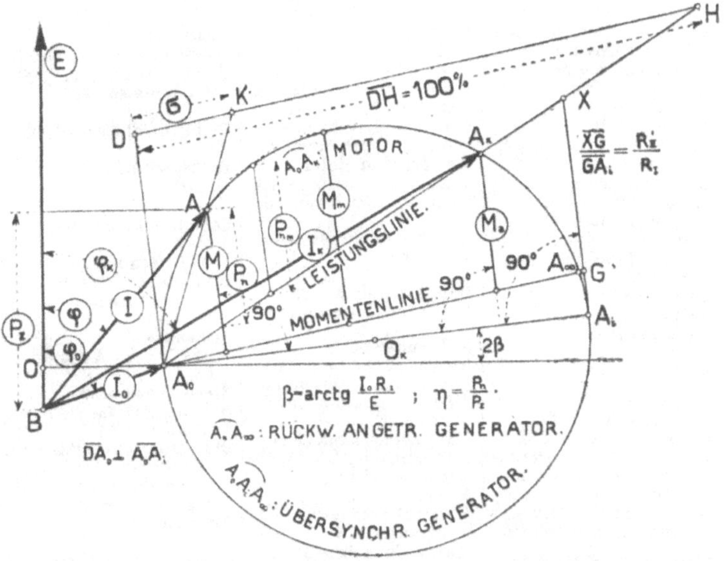

Fig. 56. **Kreisdiagramm** des Asynchronmotors.

Als Fortsetzung hierzu erschien vom gleichen Verfasser als 799. Band der Sammlung Göschen: Die Elektromotoren, ihre Arbeitsweise und Verwendungsmöglichkeit, zweiter Teil; Kommutatormotoren. Mechanischer Aufbau. Wirtschaftlichkeit. Mit elektrischen Anlagen verknüpfte Gefahren. — Mit vielen Figuren.

Register.

FSC
www.fsc.org
MIX
Papier | Fördert
gute Waldnutzung
FSC® C083411

Kolibri 360 GmbH
Ferdinand-Jühlke-Straße 7
99095 Erfurt, Deutschland
produktsicherheit@kolibri360.de